可怕的科学
HORRIBLE SCIENCE

谁来拯救地球

中国特辑

自然顾问：谭利华

[英]尼克·阿诺德 著　[英]托尼·德·索雷斯 绘　房小冉 译

U0257183

北京出版集团
北京少年儿童出版社

著作权合同登记号

图字:01-2011-8173

Text © Nick Arnold 2013

Illustrations © Tony De Saulles 2013

This edition is licensed by Scholastic Ltd.

图书在版编目(CIP)数据

谁来拯救地球 / [英] 阿诺德著;[英] 索雷斯绘;
房小冉译. —北京:北京少年儿童出版社,2013.3
(可怕的科学. 中国特辑)
ISBN 978-7-5301-3368-2

Ⅰ.①谁… Ⅱ.①阿… ②索… ③房… Ⅲ.①环境保
护—少儿读物 Ⅳ.①X-49

中国版本图书馆 CIP 数据核字(2013)第 028045 号

可怕的科学. 中国特辑

谁来拯救地球

SHEI LAI ZHENGJIU DIQIU

[英] 尼克·阿诺德 著

[英] 托尼·德·索雷斯 绘

房小冉 译

*

北 京 出 版 集 团
北 京 少 年 儿 童 出 版 社 出版
(北京北三环中路6号)
邮政编码:100120
网 址:www.bph.com.cn
北 京 少 年 儿 童 出 版 社 发 行
新 华 书 店 经 销
北京雁林吉兆印刷有限公司印刷
*

787 毫米×1092 毫米 16 开本 8.75 印张 100 千字
2013 年 3 月第 1 版 2023 年 1 月第 27 次印刷
ISBN 978-7-5301-3368-2
定价:22.00 元
如有印装质量问题,由本社负责调换
质量监督电话:010 - 58572171

目 录

前　言

在本书正式开卷之前，我要隆重介绍几位超级厉害的学生。在 2011 年，他们经过层层选拔，从来自全国的数万名中小学生中脱颖而出，最终荣获"科学小英才"的称号，并成为这本书的合著者。

史宇轩：星星般迷离的神秘，太阳般炽热的激情。我爱笑爱闹爱幻想，爱唱爱跳爱疯狂，爱书爱画爱钢琴，爱吃爱睡爱旅行，耶！

我想告诉大树，告诉大山，告诉大海，还要告诉你：我的终极使命就是——在地球拉响环境崩溃的红色警报之前，用低碳为自然点亮一盏绿色的灯！

俞文杰：我最爱做模型，家里废弃的纸盒、塑料瓶、泡沫塑料都是我的宝贝，它们在我的精心制作下，变成了会跑的火车、能游的轮船以及奇怪的玩具。我最爱看科学书籍，如"可怕的科学"丛书等，魔幻般的科学让我着迷。我的理想是当科学家，像爱迪生那样发明出更多的东西。

李百涵：我性格开朗、聪明伶俐，爱好唱歌、画画、读书、变形金刚……2010 年，我撰写了 2 万多字的科幻小说《至尊双龙》，获得"北京市朝阳区首届小学生创新性学习成果"铜奖。2011 年，我参加了中国平安知识竞赛，获得北京赛区第一名。

肖铭：我成长在普通但温馨的工人家庭，数学和科学是我最喜爱的两门学科，曾经多次在数学竞赛中获得南昌市一、二等奖。我在成长的历程中得到了家长和老师的殷切呵护与谆谆教导。我最大的心愿是学好知识，长大后回报社会，我在努力……

杨子江：六年级的暑假，老师告诉了我关于"科学小英才"比赛的事，我就试着参加了。没想到运气还不错（当然还得有实力啦），得了二等奖。我平时喜欢看课外书，所以什么都懂一点点，但知道得不深。不过看了"可怕的科学"丛书后，我才发现自己原来认为无聊而不愿学的科学竟然可以那么有趣！于是，我开始有意无意地接触科学知识了，现在我最期待的就是物理和化学课了！

杨汀汀：周一到周五，我每天早上都背着沉重的书包赶去上学；到了晚上，时间大多被作业占用了。不过，我还是千方百计地挤出点儿时间上网和读书。我读的书很杂，和今后的志向没什么关系。妈妈的单位在国家图书馆对面，从小我就很乐意被"寄存"在国家图书馆的阅览室，那里什么书都有，读书真的很快乐。

这些小英才们向英国的作者提出了很多与高碳燃料、如何拯救地球密切相关的问题，作者一一给出了精彩的回答。同时，这些问题也启发了作者创作本书的思路。下面就让我们去看看，小英才们都提出了哪些刁钻的问题，英国作者又是怎样机智地回答的。

1. 科幻电影为什么也那么吓人啊？

北京 杨汀汀

就是要吓人，才好看啊！

科学就是叫人心惊胆战，魂飞魄散！不过你别跑呀，正是那些可怕吓人的内容，让科学变得令人兴奋。科幻电影当然要触动你的神经，好让你迫不及待地看下去啊！如果有时间细聊，我可以告诉你我是怎样发现科学中可怕的事实的。

2. "可怕的科学"丛书在世界各地广受欢迎，我想知道当时是什么动机促使您要创作这套丛书的？这是您最骄傲的一系列作品吗？

北京 李百涵

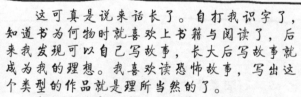

真是问到我心坎上了！

　　这可真是说来话长了。自打我识字了，知道书为何物时就喜欢上书籍与阅读了，后来我发现可以自己写故事，长大后写故事就成为我的理想。我喜欢读恐怖故事，写出这个类型的作品就是理所当然的了。

　　我从没放弃过自己的理想。找工作的时候，我就决定在出版界从业。出版商就是将作者的故事转到纸面变成书，然后你就可以在书店里买到了。我喜欢出版行业，不过从事科学书籍方面的工作多少还是有点儿出乎意料。在学校时，我喜欢写恐怖的故事胜过喜欢科学课，当我的工作是编辑科学方面的书籍时，我对科学的兴趣才越发浓厚起来。我发现，科学其实可以和任何故事一样又吓人又好玩儿。于是，我决定自己来写一些扣人心弦的、关于可怕的科学的故事。想法就是这样诞生的。现在，我们也正是按照这个想法，来创作完成这本《谁来拯救地球》！感谢你提出这个有趣的问题。

3. "可怕的科学"丛书内容非常丰富，涉及很多学科。但一个人的知识总是有限的，您如何确保这些科学知识的准确性？

北京 李百涵

要先学富五车。

"可怕的科学"丛书不是虚构的作品，也就是说，内容要求真实、准确。包括那些疯狂到令人难以置信的事情都是真实的。全部是事实，除非我声明，这个是我瞎编的。

在我写作的时候，我要尽可能地获取各个渠道的信息。比如说吧，我得博览群书，查阅报纸杂志，上网搜集资料。有时候，我也看相关的电视节目，或者与真正的科学家聊聊他们的工作，然后开始写书。

我的出版社要求我写的内容百分之百正确。他们会把我的文稿送到相关领域的科学家那里审阅，如果科学家发现了错误，我就得改正。有时，其他科学家或者老师会给我发邮件，指出错误之处，我肯定要改正的。我希望"可怕的科学"丛书尽可能写得准确，而且与时俱进，这才能使你阅读这些书后，变得又聪明又博学，让你的老师惊讶无比。谢谢你提出这么聪明的问题！

4. 石油是怎样形成的？

江苏镇江 俞文杰

这个问题有点儿难！

如果可以穿越时空，回到恐龙时代，你肯定不会喜欢在海里游泳。温暖的海洋就像一锅盛满微生物的汤。微生物死后，尸体像纷纷扬扬的雪花沉到海底；许多生物死后，尸体也沉入了海底，由此形成一层厚厚的腐烂层。经过漫长的时间，泥土

和岩石不断地覆盖了这些腐烂层，泥土和岩石的重量加上地球的温度慢慢地、慢慢地"煮熟"了这些烂泥。

它们变成了什么？没错，石油！这只是海相沉积说。中国伟大的科学家李四光提出了陆相沉积说，大庆油田就是在陆相沉积说的理论指导下发现的。

好啦，许多书都会告诉你石油是如何形成的，但是，你知道有些石油还是"绿色"的吗？你知道石油是有毒的吗？如果闻多了石油或者喝下去，血液和肺部会出毛病，还会让你呕吐。石油是油腻腻、褐色黏稠状的液体。人们需要石油的提取物给汽车提供动力、制造塑料。不过，石油中含有碳，这是件十分麻烦的事情。石油燃烧，碳就会跑出来，与氧气结合变成二氧化碳气体，这种看不见的气体能使地球温度升高，造成很可怕的后果。

因此，我们必须寻找低碳的能源来拯救地球！

5. 天然气是怎样形成的？

江苏镇江　俞文杰

油里藏着气啊！

你是说你肠子里的那些气儿吗？它们跑出来是很自然的，不过在科学课上发出声音，让它们跑出来就不礼貌了，老师会生气的。

什么什么？你是问生暖气和做饭用的天然气？啊，原来如此！就像碳酸饮料一样，是压力把气体溶在饮料里的。打开瓶盖释放压力时，气体就跑出来了。而当压力减小时，气体也就跑出去了。

这种气体用来取暖和做饭相当不错，不过当点燃它时……是的，你猜到了——会产生更多二氧化碳。有时，天然气会与硫化氢混在一起跑出来。硫化氢总是散发出臭鸡蛋味，我敢说它可比厕所臭多了！

6. 煤炭是怎样形成的?

江苏镇江　俞文杰

......

你可以自制煤。做法很简单,只需让大树落进湖里或者沼泽里。如果这棵树在腐烂前被埋进了湖底,它就会变成煤。问题在于,你得等上好几百万年,地球的热度和压在树上的岩石的重量才能把它变成煤。3亿多年前,大自然中形成了好多煤,这就是人们现在挖出来的黑乎乎的东西。煤可以用来燃烧取暖或发电,是人类赖以生存的一种能源。可还是有个问题。

猜猜看,煤燃烧时会怎样?没错,和石油是一样的,会释放讨厌的二氧化碳。你的老师一定知道碳原子,但是他们知道铅笔里的石墨也是一种碳吗?不过,铅笔里的石墨不易燃烧,如果容易燃烧的话,那考试时,你用铅笔唰唰地写,考卷就很容易着火啦。哇,真是个了不起的问题——再多问些!

7. 臭氧层和全球变暖有什么关系?

江西上饶　杨子江

阳光为我们带来紫外线。紫外线过多就会损伤皮肤,导致皮肤癌,甚至致盲。幸运的是,臭氧层就像地球的保护层,阻隔紫外线来保护我们。不幸的是,一类叫作氟氯碳化物的化学物质可以吃掉地球的臭氧层,只要禁止这类化学物质,臭氧层中的空洞会慢慢愈合。这样地球就不会变得那么热了。科学家们认为全球变暖会让臭氧层中的空洞愈合得非常慢,这就会使有害的辐射照射到我们。

8. 人类目前面临很多问题：交通拥堵、能源枯竭、环境污染、南极的冰川融化，科技的力量能解决这些问题吗？

北京　李百涵

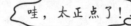

哇，太正点了！

　　这可真是个很严重的问题，关乎地球，回答可就有点儿长了，可能要长达20年的时间。所以我就长话短说了。

　　如果有个机器能阻止地球温度升高就好了：只需按下按钮，看着机器把我们生活的地球变成美好的家园该多好！有的科学家认为可以制造这样一种机器，但这种机器会极其复杂、超级昂贵。我不相信能造出这种神奇的机器。然而，我相信我们每一个人——你我这样的普通人——日常的生活方式都可以改变。

　　当然，低碳科技可以帮助人们拥有更好的生活，而不会使问题恶化，读了这本书，你就知道该怎么办了。只有我们真正支持低碳生活并将低碳科技付诸实践，我们才可以拯救地球并快乐地生活在地球上。反之，再先进的科技也只是纸上谈兵，拯救不了地球。

9. 电池为什么能储存电？

江苏镇江　俞文杰

　　我很高兴你提了关于电池的问题，电池可以解决低碳的问题。风吹过、太阳照射都可以产生电能。一方面，在用电低谷时用电池将电能储存起来，到用电高峰时就可以利用电池中储存的电能。另一方面，大量的用电设备是移动的，不可能拖着长长的尾巴（电线）到处跑，它们也需要用电池来供电。那么，电池是怎样工作的呢？

电池有两种：一种是可充电电池，能反复使用很多次；另一种是一次性使用的电池，其中储存的电能用完后就报废了。电子的定向移动产生电流。当你用电线连接电池的两端形成闭合电路时，电池中的物质会发生化学反应，使电路中有了定向移动的电子。可不要触摸电路啊，因为你有可能会被电到，就是触电的感觉。

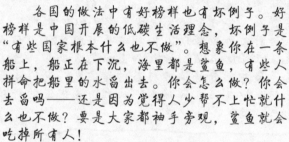

10. 请问各国为了拯救地球都有哪些新的举措和行为？

江西南昌　肖铭

　　各国的做法中有好榜样也有坏例子。好榜样是中国开展的低碳生活理念，坏例子是"有些国家根本什么也不做"。想象你在一条船上，船正在下沉，海里都是鲨鱼，有些人拼命把船里的水舀出去。你会怎么做？你会去舀吗——还是因为觉得人少帮不上忙就什么也不做？要是大家都袖手旁观，鲨鱼就会吃掉所有人！

　　其他国家是怎么做的？许多贫穷国家的人们都过着低碳生活，因为那里的人负担不起高碳的生活方式。在欧洲，人们已经努力向低碳生活方式转变，使用低碳交通工具与能源。尽管西方科学家努力研究低碳科技，但有些国家的转变还是很慢的。

　　在这方面做得最好的3个国家是哥斯达黎加、冰岛和瑞典。哥斯达黎加正计划成为世界上第一个低碳、中立的国家，也就是说，那里不会向空气中释放任何额外的碳。他们的秘密就在于多多种树，种上百万棵树，吸收掉碳。冰岛的能源大多是地热能——不会向空气中释放碳。瑞典对碳排放进行征税，向空气中排放的碳越多，付的费用也就越多。所以人们尽可能减少向空气中排放碳。他们还尝试过一些可怕的新型能源。人们可以在林雪平市乘坐新型出租车，这种车使用气体作为动力，而这种气体是通过腐烂的牛肠子产生的。

11. 我该怎样做才能为地球降降温，成为新一代环境保护者？

江西南昌　肖铭

志向高远啊！

嗯，是这样，人们常常会模仿别人的做法。有时候，一个人做了好事，影响到其他人，那么别人会跟着做这样的事，一传十，十传百，越来越多的人会加入其中。如何才能为地球降温？怎样才能让大家都了解？开动脑筋，你就会成为环境保护者！

12. 请问您认为最深入人心的对地球有益的生活方式是怎样的？

江西上饶　史宇轩

对地球有益的生活方式——低碳生活，影响着你所做的每一个决定。

你怎样旅行？低碳车！

买什么吃的？低碳食品！

怎样保暖？低碳能量！

不过，最重要的不是你的生活方式，而是你的大脑。每一天，这里就像一所学校，你通过了解新信息改变大脑。当你明白了，思考了，就选择了。

13. 如何让小读者们对拯救地球的未来有更深刻的了解？

江西上饶　史宇轩

所有的小读者都十分关心未来，因为未来是你们的。你们会成长，在未来中生活，自然你们会希望未来是美好的。我们要告诉

小读者，如果我们不保护地球，就不会有美好的未来。

阅读这本书是开始全新生活的第一步，书里会告诉你各种全新的理念，只要着手做点儿什么就比什么也不做要强。很多人都是很在乎地球的未来的，学校或者你生活的城市里或许有很多宣传活动，你都可以参加。

别害羞，要记住你的未来需要你的帮助！

引 子

你喜欢看恐怖大片吗？我喜欢！我最爱看"地球危在旦夕"那类的片子！

地球正在变成冰块！

外星人正在向我们进攻！

地球马上就要爆炸了！

当然，那些故事都是虚构的。但对于地球来说，有一个灾难却是真实的——真实得就像你的鼻子长在嘴巴上面——地球正在变得越来越热。科学家管这叫"全球变暖"或"气候变暖"，它给地球带来的影响和正在发脾气的恐龙一样可怕，只是结果会更致命。

在我们这个星球上，有的地方十分干旱；

我有点儿口渴。

有的地方却很潮湿；

还有的地方甚至在漏气。

干旱、洪涝和气体泄漏，都是全球变暖惹的祸。不过，这才刚刚开始，接下来要发生的事情，足以让世界第一惊悚的大片都小巫见大巫了。

是谁在给我们的地球加温？人类会被烤熟吗？我们会不会热到融化，成为一摊肉泥呢？谁来拯救地球？答案就在这本书里。通过这本书，你会明白全球变暖对我们每个人意味着什么，同时也会知道，怎样做才能让悲剧止步。

只要你够勇敢，就接着读吧！

干旱、洪水、海平面上升

不知你是否注意到,现在的四季有些反常。你住的地方是这样,世界其他地方也一样。春天早早来临,夏天更加炎热,冬天越来越短,极端天气频发。难怪动植物们都觉得困惑呢!

小鸟说的没错。全球变暖让地球变得更加炎热,并导致四季反常。全球变暖也在改变着气候,例如,有些地区雨水不断,导致洪水泛滥;而有些地区却滴雨不见,导致农作物旱死。无论哪种情况,人们都得饿肚子。

科学救援队

想不出答案?没关系,让"科学救援队"来为你排忧解难。(对于那些你原以为自己不感兴趣的问题,也能找到答案!)

问：天气和气候有什么区别？

答：天气是指一定区域短时间内大气中发生的各种气象变化。所以人们会说：今天天气晴朗，但明天会下雨。

气候指的是一定地区经过很长一段时期（比如10年或更长时间）的观察，所得到的概括性的气象情况。你不能说：今天气候正在下雨，但可以说这些年来的气候变得更加湿润。所以，如果天气恶劣，你可不能把罪名加在气候头上。但气候变化常常会带来反常的天气。

让我们来看看气候变化吧。握紧这本书，接下来将是一次疾速之旅。如果谁掉下去，我们可停不下来。如果你有晕车的感觉，千万别吐在书上！（如果书是从图书馆借来的，更要加倍小心了。）

天啊，太迟了

▶ 我们的第一站是北极。这里太棒了，感觉像是站在地球的顶端！这里位于覆盖着浮冰的——北冰洋。但此刻，冰正在融化。北极地区正在变暖，变暖的速度比地球上其他地方快多了。如果有一天你要去北极，恐怕只能游过去了。

北极

我是北极熊，你是我的午餐！

▶ 陆地上的情况也不容乐观。随着冰块融化，海平面升高，再没有什么能够阻挡海浪——海岸线正在逐渐被海水吞噬。人们被迫纷纷离开自己的家园。原本冻结的土地慢慢融化，变成又臭又黏的泥土，房子因此坍塌。

▶ 西伯利亚的冻土融化了，冒出甲烷气体——它也是屁的一种成分。甲烷可以用来做饭和取暖。海床中大量的甲烷气体噗噗噗地涌出来，就像泡泡浴一样。

▶ 中国香港的情况也不妙，海平面正在逐年增高。世界各地的海平面都在增高，看样子，这终将引发巨大的洪涝灾害。

▶ 在中国北部地区，人们所面临的问题不是洪水，而是缺水。炎热的天气将绿地变为沙漠，还伴随着巨大的沙尘暴。农村和城市用水告急。

不下雨，也看不到一只海豹！

▶ 欢迎来到白雪皑皑的西藏！这里原本经常下雪，可是现在却并非如此。这里有许多冰川，它是由落在山上的雪水积聚而成的，如今它正在慢慢融化。由于冰川为亚洲的大部分江河——比如长江、黄河、湄公河等储蓄水源，所以数百万人正面临缺水的危机。环境污染把冰变成了灰色。正常情况下，白雪和冰可以反射阳光，从而减缓冰川融化的速度。然而变脏的冰会吸收更多的太阳光，从而加快其融化的速度，使水源的储蓄迅速减少。

灰色的冰？这真奇怪！

世界各地的冰川都在滴滴答答融化着。在美国的蒙大拿州有一个冰河国家公园。科学家预测，到2030年，冰河公园中的冰会完全融化为水。到那个时候，冰河国家公园恐怕就要改名为"抱歉，冰无国家公园"了！

你肯定不知道！

2000年，一队电影摄制组曾前往加拿大拍摄一部名为《雪天》的电影。但因气候变暖，老天爷就是不肯下雪，摄制组只好用卡车收集雪来进行拍摄。对《雪天》来说，天不下雪真是个悲剧。

哦，抱歉，我的电话响了……

嘿，作者！气候变化怎么会同时引发洪水和干旱呢？气候变化应该只能导致一种结果，要么洪水，要么干旱吧？

嘿，读者！洪水和干旱就像一枚硬币的两面。全球变暖可以让两种灾害都变得更加严重。炎热的天气使地面的水分蒸发，变为水蒸气（就是热茶杯上面飘着的雾一样的东西，人们一般叫它水蒸气）随风飘去。地面的池塘、湖泊、河流干涸，让干旱的地方变得更干旱。当含有水蒸气的云飘到潮湿的地区时，云又会把雨水倾泻到地上，将人们淹没在洪水中。

快下雨吧！

雨赶紧停吧！

雨水太多会造成水灾——地面变成一片汪洋，植物的根部被浸坏；由暴雨形成的洪水还可能将植物连根拔起，冲垮房屋，冲断公路、铁路。干旱则会使植物枯死。两种情况都会让人饿肚子。在干旱地区，科学家正试图通过一些奇怪的方法来获得水源。那么，以下哪些方法是真实的？哪些方法太离谱，不是真实的？

获得雨水的奇招妙法

判断真伪！科学家试图……

1. 在鸭子头上绑上摄像机。因为鸭子总能找到池塘，这是找到水源的简便方法。

2. 向云层发射化学制品，让老天下雨。

3. 邀请美国的原住民去中国，让他们通过跳舞来祈求老天下雨。

4. 想办法炸碎冰河，获得水源。

找到水源啦！

答案

方法 1 和方法 3 太离谱了，不是真的。

方法 2 是真的。这种方法需要用高射炮把很多碘化银晶体射入云层，当云中的水包裹在碘化银晶体四周时，就会形成雨水。但这种方法并不能百分百成功。即使奏效，有些科学家认为也只是将雨水从其他需要雨水的地方抢过来而已。

方法 4 是真的。20 世纪 50 年代，在新疆，人们曾经使用过这种方法。1959 年，人们还想出了另外一个办法。人们用飞机往冰川表面撒煤渣，因为黑色可以吸收太阳的热量，进而融化冰河。但这个方法并不是太有效，反而造成长时间冰融水不足。

不断上升的海平面

还记得我们之前提到过香港吗？截至 2009 年，香港的海平面在过去 15 年间上升了 5.2 厘米。这点儿高度听起来不算什么，但该速度却比过去 3 000 年中的任何时候都快了许多。

海平面上升的原因之一是，随着全球变暖，极地冰川融化，上层海水温度随之上升，水分子的运动范围变得更大，更剧烈，同等质量的水，温度高的所占体积就更大。

未来，海平面上升的速度会更快，因为冰河融化后的水会流入海洋。全球的情况都是如此。就拿格陵兰岛来说吧，几千年来，格陵兰岛一直被冰雪覆盖着，它是一座"冰岛"。现在，冰开始融化，融化了的冰水顺岛而下，流入海洋。

如果格陵兰岛上的冰全部融化，海平面将上升 7 米。幸好这得花上万年的时间。但如果我们现在不采取行动去阻止，这种情况就会提前发生。对住在沿海的人们来说，这可不是个好消息。世界上最大的 20 个城市中，至少有 10 个是沿海城市。到那时，无数人类的家园将会变成鱼儿的小窝。

全球变暖对自然环境也会产生不利的影响。很多物种正因无法忍受炎热的天气而面临灭顶之灾，这样的情况随处可见。来看看澳大利亚科学家与芬兰科学家互发的电子邮件吧。

电子邮件

你好，芬兰人：

你肯定不会相信！我正在澳大利亚研究一棵树，上面满是蝙蝠。哎呀，天气真是太热了，树袋熊的屁股都流汗了！突然，一只蝙蝠掉在我脑袋上，死了。很快，几百只蝙蝠掉下来，死掉了。都是这热天干的好事！

澳大利亚人

你好，澳大利亚人：

你以为只有你碰到麻烦吗？我正在努力寻找猫头鹰。一整天了，我连一只都没看见呢！猫头鹰的颜色变了！过去它们大多数是灰色的，便于隐藏在雪中。但由于全球变暖，很少下雪，褐色的猫头鹰越来越多，因为这种颜色更利于隐藏在树林中。呜……猫头鹰都藏到哪里去了呢？

芬兰人

你好，芬兰人：

至少你们那里的猫头鹰大小没变吧。澳大利亚鸟类的个头可在变小。与100年前相比，有4种鸟类的个头缩小了4%。这都是全球变暖搞的鬼！鸟类的体格越小，身体降温越快，所以它们就变得越来越小了。蜥蜴也不喜欢热天气，要是过于炎热，它们会死掉。我了解它们的心情——因为我也快被烤熟了！

澳大利亚人

顺便说一下：被太阳烤干的蜥蜴很难嚼，但味道很棒！

　　以上关于动物的描述都是真的！全球变暖恐怖至极，你的老师肯定知道这一点，但有些事实他们可能还不知道……

关于全球变暖，老师可能不知道的事实

▶ 一些科学家预测，未来会有更多的火山爆发。全球变暖使得火山顶部的冰开始融化，这就好比是"揭开了火山顶部的盖子"，从而导致更多火山爆发，滚烫的岩石纷纷爆裂。如果你正在某座火山顶野餐，那就惨了。

▶ 美国科学家曾将温度计固定在独角鲸身上（雄性独角鲸的长相非常奇特，有一颗长长的牙，是螺旋状的，像个长钻头），温度计上还绑着个深度计。这些测量仪器能够向卫星发射信号，告诉科学家不同深度海水的温度。结果出人意料，数据显示冰下有暖流。这表明冰下面融化的速度也比大家预想的要快。

来啊，水里可舒服啦！

▶ 喝水少是导致肾结石的原因之一，而且肾结石疼起来能要人命。肾结石是块状的钙质，会造成排尿困难，甚至让人呕吐。全

球变暖让天气变得炎热。你也许会说：噢，没关系，多喝水就好，这很容易。错了，你说错了！全球变暖会导致缺水！一些科学家预测，将来会有更多人的肾里出现结石。

▶ 最后，真正恐怖的事是，有些科学家认为，地球会热到置人于死地……

可怕的新闻

震惊，几百万人死去！

全球变暖要了几百万人的性命。热将水变为水蒸气，水蒸气被空气吸收。直到潮湿至极的空气无法再吸收更多的水蒸气，于是汗液不能蒸发，人们不能靠出汗来降温，结果死于炎热。

救命啊！我要疯了，以前只是我的电脑热得像烧开的茶壶！现在，我也热成一只茶壶了！

当人体温度达到 42 摄氏度时，生命就有危险了。世界上的多数国家，包括中国大部分地区在内，都将会变得过于炎热而不适

合人类居住。顺便说一句，让你放松一下：你的身体是不会被烤化的，因为地球的温度不会达到那么高，而且人体在被烤化前是会先燃烧的。

现在你的脑海里一定萦绕着一个可怕的问题。我已经告诉过你，地球的温度正在升高，后果不堪设想。但我还没有告诉你，为什么地球温度会升高。关于这个问题，我要先去咨询一位科学家。下一章再见！

温室气体来袭

为什么地球的温度在逐渐升高？

这是因为地球被厚厚的大气层包围着。大气层是由特定气体组成的……

哦？大气层是什么？是指空气吗？

科学救援队

当你遇见百思不得其解的科学术语时，是不是感觉它们就像猫有两条尾巴一样让人费解？别慌，让我来帮助你！

问：空气和大气层有什么区别？

答：围绕地球的气体我们称之为空气，这些气体又分为很多层，统称大气层。你呼吸的就是空气。空气是由约78%的氮气，21%的氧气和1%的其他气体组成的，其他气体中包含0.03%的二氧化碳。

大气层中人们最熟悉的部分是对流层。云和各种天气现象就发生在这一层。假如驾驶一辆可以飞行的汽车，以80千米每小时的速度行驶，你只需10分钟左右就可以穿过对流层。如果你将地球缩小到足球那么大，那么对流层的厚度就像你现在所读的这页纸一样薄。注意，如果地球被你变成了一个足球，小心别让人踢到，否则我们人类就会像可吸入颗粒物一样四处飘逸！

那么气体是如何让地球升温的呢？

地球的热量来自太阳，地球每天都沐浴在阳光中。地面吸收太阳光后，会以红外线的形式将太阳光反射回去。（这听起来像是深奥无比的科学知识，实际上这个问题很简单，连蚂蚁都能轻松明白其中的道理。）地面反射的红外线是一种人类肉眼看不见的光线，但当红外线反射到你身上时，你会感觉到热量。

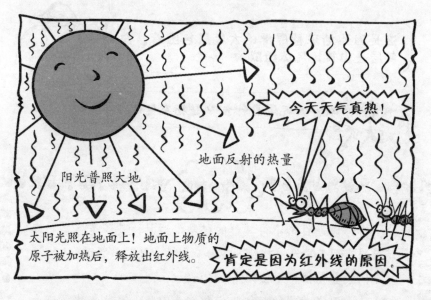

今天天气真热！

地面反射的热量

阳光普照大地

太阳光照在地面上！地面上物质的
原子被加热后，释放出红外线。

肯定是因为红外线的原因。

所有的原子都会释放出红外线。我们身体里的原子也一样，尤其是当你热到感觉自己要燃烧起来的时候！明白了吗？为了让你明白接下来要说的事情，我们建了一个大温室……

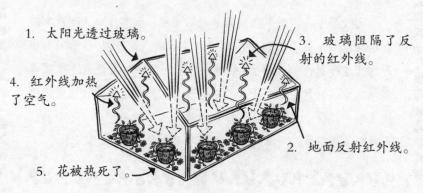

1. 太阳光透过玻璃。

3. 玻璃阻隔了反射的红外线。

4. 红外线加热了空气。

2. 地面反射红外线。

5. 花被热死了。

我可怜的花朵啊！

包围着地球的气体就好比温室的玻璃阻隔了反射的红外线。当反射的红外线被气体阻隔后，又反射回地球上。人们称这种现象为"温室效应"。导致全球变暖的气体被称为"温室气体"。*

*对于一个真正的温室而言，其室内温度升高还有另外一个原因——温室密不透风，热空气不会被风吹走，所以导致温度升得更高。

请紧紧抓住这本书！我现在要宣布一个令人震惊的消息——温室效应其实是个好东西，而不是恶魔！是的，你没看错！如果没有温室效应，红外线就会被反射到太空中，那么地球的温度就会是零下 18 摄氏度。这温度与你家里冰箱冷冻室的温度差不多，低到可以将你的脚指头冻掉。幸运的是，温室效应让海水的温度得以升高，地球 90% 的热量都储存在海洋中，天冷时海洋释放的热量可以保持地球的温度。

有胆你就试……自创温室效应

你需要：

▶ 可以封口或用绳子扎紧的能够密封空气的塑料袋。

▶ 两张 A4 大小、不反光的黑纸或卡片。

▶ 温暖晴朗的天气。

你要做：

1. 如图所示，在室内阳光可以照射到的地方进行你的实验。将一张黑色的纸或卡片折叠3次后放进密封的塑料袋。另一张纸放在塑料袋的旁边。

不走运的苍蝇对实验来说无关紧要。

2. 实验时间为30分钟（如果阳光不充足，可延长至1个小时），等时间到了之后，把两张黑纸或卡片拿到凉爽的地方。将两张纸分别贴在你的左右脸颊上，对比它们的温度。

你会发现：

塑料袋中的黑纸温度更高。因为它吸收了太阳光中的红外线，并将其以热量的形式释放出来，而塑料袋如同温室气体一样，阻隔了红外线的反射，塑料袋里的温度显然会高于外面的温度。如果你的塑料袋大到可以包住地球，那么你就可以把地球烤熟了！

至于那位发现温室效应的科学家，他的一生相当有趣。现在，他正在参加一个电视节目，这个节目把那些已经逝世的科学家们又挖了出来，然后在节目中问他们一些刁钻古怪的问题。接下来，就让我们欣赏一下《逝去的智者》这个节目吧！

逝去的智者

今天节目的嘉宾是法国科学家让·巴蒂斯特·约瑟夫·傅立叶（1768—1830）。让先生，请问死去是不是一件很酷的事情？

不，不是酷，而是极其寒冷，我都快被冻死了！

可你已经死了。

对不起，我忘了。我喜欢热乎乎的感觉！

现在感觉舒服多了！

这就是你在埃及把自己关在热屋子里，然后把自己裹得像埃及的木乃伊一样的原因吗？

在1824年，你是如何发现温室效应的？

我对热很着迷。我常常在想，地球的温度为什么不会降低，最后我发现原来是大气层在为地球保温。

19

你的一生精彩纷呈。在法国革命时期，你还有两次差点儿被砍头！

如果我有3个头，那就没有关系了！

你曾经为法国皇帝拿破仑工作，却背叛了他。你起初假装是他的朋友，后来竟然逃跑了……

所以我们同时邀请了拿破仑来参加这期节目……

别让我抓住你，否则我会让你死得更彻底！

你不可能杀死我，因为我已经是死人了！

可怕的温室气体指南

二氧化碳

现在，你已经明白温室效应的原理了，下面就让我们来了解一下几种温室气体的特征。人们最熟悉的温室气体就是二氧化碳。

成分：二氧化碳分子由1个碳原子和2个氧原子构成。科学家为每个分子制定了一个代号，我们称之为分子式。二氧化碳的分子式是 CO_2，它代表二氧化碳分子是由一个碳原子和两个氧原子组成的。

全球变暖潜能：二氧化碳是最普通的温室气体，它吸收热量的能力比其他温室气体要弱。

已知来源：燃烧含有碳原子的物质就会产生二氧化碳。那些含有大量碳原子的高碳燃料，例如煤、石油和天然气在燃烧时都会产生大量的二氧化碳。当你的身体产生能量时，也会产生二氧化碳。事实上，你所呼出的二氧化碳会比吸入的二氧化碳多得多。你呼出的二氧化碳有很多是你自身产生的。

可怕的细节：人体内二氧化碳含量过高是非常危险的。随着二氧化碳在体内逐渐增多，肌肉会抽搐，神经会停止工作，继而出现头痛，皮肤变为蓝色，心脏无法正常跳动，最终死去。所以你需要呼出二氧化碳。当人体察觉到体内二氧化碳过量时，会加深呼吸以吸入更多氧气，从而保证机体继续活下去。

特点补充：植物喜爱二氧化碳。植物的绿叶能够将二氧化碳、水和阳光中的能量合成植物所需的物质，这一过程称为光合作用。很神奇吧？植物们竟然能把可怕的二氧化碳气体转化成健康的水果和蔬菜。

二氧化碳无处不在！科学家说，每年全球排放到空气中的二氧化碳的数量大约为 1860 亿吨，其中多数二氧化碳是由自然现象，如火山爆发产生的。幸运的是，地球自身能够消灭大量二氧化碳……

海洋能够吸收一部分二氧化碳；

植物能够吸收一部分二氧化碳；

部分二氧化碳变为岩石，被埋在地下。这听起来很奇怪，但80%的二氧化碳都是这样被消灭的，其过程是这样的……

岩石的成分

硅酸盐矿物质 ＋ 水 ＋ 二氧化碳 ＝ 岩石

岩石被埋在地下

以上都是正常的自然现象，真正的问题在于燃烧高碳燃料。人类在燃烧高碳燃料时，产生了更多的二氧化碳，并排入空气之中。而地球自身没有能力处理这么多的二氧化碳，所以导致了全球变暖。这已经够糟糕的了，但别忘了，空气中还有其他温室气体，它们也是我们要担心的问题。

可怕的温室气体指南（续）

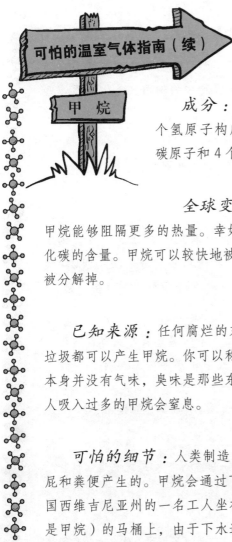

甲烷

成分：甲烷分子由 1 个碳原子和 4 个氢原子构成。分子式为 CH_4，代表 1 个碳原子和 4 个氢原子结合在一起。

全球变暖潜能：与二氧化碳相比，甲烷能够阻隔更多的热量。幸好空气中甲烷的含量小于二氧化碳的含量。甲烷可以较快地被环境分解，平均 12 年就可以被分解掉。

已知来源：任何腐烂的东西，如死去的动物、沼泽和垃圾都可以产生甲烷。你可以称它为"臭气"，但是这种气体本身并没有气味，臭味是那些东西腐烂时随甲烷一起产生的。人吸入过多的甲烷会窒息。

可怕的细节：人类制造的甲烷总量的 40% 是由人类的屁和粪便产生的。甲烷会通过下水道进入空气。2005 年，美国西维吉尼亚州的一名工人坐在沼气工厂（沼气的主要成分是甲烷）的马桶上，由于下水道中混入了沼气，当他点燃香烟时，厕所爆炸了，所以他的屁股被烧伤了。

啊！ 砰

牛羊打嗝时会释放出甲烷，而白蚁在啃食木头之后也会释放甲烷。甲烷是由这些动物胃肠中的细菌产生的，而这些细菌能够帮助它们消化食物。

特点补充：甲烷可以用来做饭和取暖。

成分：一氧化二氮分子由2个氮原子和1个氧原子构成。分子式为N_2O，代表2个氮原子和1个氧原子结合在一起。

全球变暖潜能：一氧化二氮阻隔热量的能力大约是二氧化碳的300倍。它可以在空气中稳定存在114年，导致气候发生混乱。

已知来源：产生的原因主要是人类往种植水稻等农作物的土壤中撒了太多的氮肥。其他一些行业，如尼龙制造业也会产生一氧化二氮。

可怕的细节：吸入一氧化二氮可不好玩，你会大笑和傻笑不止，这也是人们称其为"笑气"的原因。想象一下，如果空气中存在大量一氧化二氮，那人类就完蛋了，但我们不会感到痛苦，因为都是笑死过去的！呃，说实话，我觉得一点儿也不好笑。

特点补充：一氧化二氮是一种有甜味的气体。在美国，人们在灌装生奶油时，通常会用一氧化二氮来制造泡泡。

臭 氧

成分：臭氧分子由 3 个氧原子构成。分子式为 O_3，代表 3 个氧原子结合在一起。

全球变暖潜能：其能力难以确定，但科学家们认为，臭氧浓度增加，也许加剧了全球变暖的趋势。

已知来源：地面臭氧通常由阳光照射汽车尾气而产生。

可怕的细节：会强烈刺激呼吸道，导致呼吸系统疾病。

特点补充：太阳光中含有一种危险的紫外线，它是另一种你看不到的光线。肤色浅的人，皮肤更容易被紫外线晒伤。大气层中的臭氧层可以阻挡这种紫外线照射到我们身上。

你肯定不知道！

氢氟碳化物、氯氟碳化物和六氟化硫也是温室气体。虽然它们在大气中的含量不多，却比二氧化碳的破坏力大几千倍。冰箱的制冷剂（如氟利昂）和一些气雾喷雾器中就含有这些气体。这也是为什么我们不能用一个巨大的冰箱来冷却地球的原因之一。

有件事我还没有告诉你，这件事非常恐怖。当谈到这件事的时候，科学家都会吓得上牙嗑下牙。那就是全球变暖会导致气候失控。

全球变暖导致气候失控的5个可怕原因

▶ 还记得吗？之前我们曾说过天气炎热时，湖水和海水就会变成水蒸气。水蒸气将导致地球升温，其危害程度比所有温室气体加起来都高！猜猜温度升高会导致什么？没错，会产生更多的水蒸气！

更多的水蒸气

全球变暖

还好，水蒸气只能在空气中停留大概9天的时间。如果我们能消减其他温室气体的数量，水蒸气的数量也会随之减少；但如果我们无法减少其他温室气体的数量，水蒸气会让地球的温度变得更高。

▶ 数十亿吨的甲烷被冰封在北极的冰块中，这些冰分布在地下或海床上。全球变暖将使冰块融化，导致大量甲烷被释放出来。你知道吗？甲烷已经开始在向外释放，而这些甲烷会让地球的温度变得更高。

▶ 冰融化后，下层的黑色土地就会显露出来。黑色的土地吸收太阳光后，会释放出更多的红外线，从而让地球的温度变得更高。

▶ 还有两种微小的海洋生物在为食物争斗。它们是浮游植物和细菌。浮游植物通过吸收二氧化碳合成食物，但随着全球温度升高，最终细菌将获得胜利。浮游植物数量的减少意味着空气中的二氧化碳含量会增加，而这意味着……是的，非常正确，意味着全球温度会变得更高！

▶ 地球变暖将导致植物干枯。树木干死后，容易引起大火。这样，树木吸收的二氧化碳就会逃逸到空气中，而更多的二氧化碳将导致地球温度升高！

你肯定不知道！

　　大火能够产生大量二氧化碳。2009年，澳大利亚一处丛林起火，结果向空气中释放了1.65亿吨二氧化碳。这相当于5000万中国人一年所产生的二氧化碳的总和！

　　现在明白了吗？我们制造二氧化碳让地球变暖，然后地球就会让自身的温度再升高。当空气中的二氧化碳达到一定数量时，气候就会恶化。这就像一辆汽车行驶在陡坡上，一旦刹车失灵，你是无法阻止车向下滑的！

　　那么，空气中最多能包含多少二氧化碳呢？科学家认为，每100万个空气分子中，如果二氧化碳分子的数目有450个，那就达到极限了。现在，如果二氧化碳的数量继续增加，那么到2040年，空气中二氧化碳的含量将达到极限。到那时，我们再想阻止全球变暖就太晚了。这听起来非常糟糕——但是，确实如此。我们会死吗？继续读下去，你就知道答案了。

穿越到古代

放松一下，别再想那些可怕的温室气体了，来个精彩的故事怎么样？但是抱歉，读者们！因为这是一本"可怕的"科普图书，所以我要讲的只能是一个"可怕的"故事……

天啊！我的奶奶能够穿越到古代！

你的奶奶能在古代生活吗？我的奶奶可以——她可以穿越时空！我的奶奶叫郝认真，是一名科学家，她一直从事气候变化方面的研究。这些听起来太无聊了！让人直打呵欠！

嘿！

我的名字叫艾汉堡，我可不是什么气候变化方面的专家，但在食物、时尚、电视和电脑游戏方面，我可以称得上专家，另外我对汽车也非常精通。等我长大了，我会买辆车。不，买10辆！而且一周7天每天都要用不同的手机！

今天，是奶奶照看我。不过，奶奶这是怎么了？为什么她总认为现在年轻人的生活条件太优越，从没有经历过艰苦呢？

"你们这些年轻人真幸福，"她抱怨道，"不像我们那时候那么遭罪！"

幸好，我听不太清奶奶的抱怨。因为我正戴着耳机听音乐，嘴里塞满了饼干，这时候别人说的话根本听不清楚。

"啊？……啊？"我说，但奶奶的话还没完。

"……看看你，"她抱怨着，"整天就这样坐着，简直像一根木头。我像你那么大的时候，已经在田里干活了。你真是懒惰啊！"

"我不是懒惰，"我嘟囔着，"我是在节约能源。"

　　"节约能源？真是笑话！你是在浪费能源！你开着暖气，还打开空调吹冷风；这边开着电视，那边玩着电脑游戏……你制造了大量的二氧化碳。要知道，燃烧高碳燃料发电后，才能使用这些电器。你应该为自己的行为感到羞愧！你这完全是高碳的生活方式！"

　　"好吧，随您怎么说，奶奶。您年轻时过的肯定也是高碳生活。"我说。

　　话一出口我就知道自己犯了大错！果然，奶奶马上一脸严肃，板着脸告诉我，过去中国人的生活方式与现在截然不同。他们的生活几乎不会产生温室气体。我继续玩着电脑游戏，奶奶打了几个电话。不久，3个穿白大褂的科学家带着一台神秘机器走进我家。他们要干什么？

这是一台时空穿梭机，我们暂时借用一下。

好棒啊！

　　"我要让你看看过去的人们是怎样生活的！"奶奶严厉地说，听起来像是在威胁我，"我们要出发回到古代中国！"

这次穿越之旅有点儿诡异。首先，我们要把自己打扮成中国古代农民的样子。奶奶说，如果他们知道我们来自未来会被吓到的。我们并不知道回到古代时天气会怎样，所以我穿的是冬装，而奶奶穿的却是夏装。我的衣服也太土气了！

这太不符合我的风格了！臃肿的棉上衣、挡雨的大帽子，衣服里还塞了草来保暖。

凉爽又舒服！宽松的衣服散热好，面料疏松透气，能够保持凉爽，帽檐大正好能挡阳光！

我身上痒得不行。奶奶说，过去的人根据季节穿着适当衣服，这样才会感到舒服。古时候可没有空调和集中供暖系统。

我说："没有空调和供暖系统我会死的！"

奶奶说："慢慢你就习惯了。"

一道光闪过，我们瞬间就回到了古代。天可真热啊！没多久，我感觉自己热得就像一只挂在烤炉里的北京烤鸭——但味道一定不怎么样。此时，我们看见一个村庄。奶奶说村里的房子冬暖夏凉。她让我记下人们节省燃料，减少温室气体排放的方法。

▶ 窗户和门面向南，可以让屋子保温，从而节省燃料。

▶ 纸糊的窗户。造纸要比制造玻璃节省燃料。

▶ 盖房子用的土坯砖，在阳光下自然晒干——制作过程不需要燃料。

▶ 土坯墙可以让房子冬暖夏凉。

▶ 使用窗帘遮挡阳光。

▶ 庭院可以阻挡寒风。

▶ 休闲时玩棋类游戏，因为那时还没发明电视机、电脑、游戏机或手机。

由于没有电和集中供暖系统，人们不怎么需要燃料，也就不会产生更多的温室气体。只有在做饭和取暖时，才需要在灶中燃烧柴禾或煤而已。那时的人们大都睡在炕上。炕由

土坯（砖）和泥垒成，与灶相通。如果想取暖，点着灶火就可以了，取暖的同时还可以烧水做饭。这样一来，既可以让卧室保持温暖，又无须燃烧更多的燃料。这个方法非常妙，中国北方的部分地区如今依然在使用。

我刚准备在炕上睡一觉，奶奶却说现在是工作时间。在古时候的中国，所有人都要干活，像我这么大的儿童也不例外。当时没有机器，所有工作都需手工完成。奶奶对这种方式非常赞赏，因为机器需要消耗燃料，会产生温室气体。奶奶还说，从来没有人会因为工作艰苦而累死，可我差点儿就被累死了——我们站在没过脚踝的泥水中插秧，这该算是我生命中最痛苦的5分钟了！

接着，一位农民让我把猪粪装到一辆独轮车上，依靠人力推走。奶奶说这是低碳的运输方式，因为这不需要燃料。当时人们使用的运输工具，比如马车和船都不需要燃烧燃料，多数人只凭借两条腿行走各地。

此外，我还不得不在田地里大便。古时候，人们就是这样做的，用自己的粪便积肥作为庄稼的肥料。

"这样很好。"奶奶说。

"你不是要说，"我打断奶奶，"我的便便可以避免生产化肥所产生的温室气体吧！"

"瞧瞧！你都快被我培养成科学家了，"奶奶说，"化肥用得越少，意味着从土壤中释放出来的一氧化二氮就越少。"

这时，有位农民生气地告诉我，我大便的地方不对。结果半个村子的人都围过来指导我去哪里大便最好。你觉得这很让人尴尬？唉，我差点儿羞死过去！

我和奶奶准备回到现在，可启动时空穿梭机时，机器却没有任何反应。我们会永远被困在古代吗？这段时间是我生命中最糟糕的经历，而我现在却回不去了！

不容错过的精彩故事

好了，读者们，这只是一个故事而已。科学家认为穿越时空，回到过去是不可能的，但故事里所描述的事情确实是真实的。古时候人们的生活方式与我们现在的不同，他们在生活中几乎不会产生温室气体。

中国古人的3个妙招

▶ 人类的粪便是很好的肥料，因为其中含有丰富的矿物质，如钾。植物很喜欢这样的肥料！那么我们是否可以用沙子来处理室内厕所的粪便呢？用沙子覆盖粪便，然后将其收集起来作为肥料。但这种方法无法掩盖粪便的味道，人们可不希望住在这样的房子中。

▶ 现代养鱼场用鱼饲料养鱼，但饲料加工厂在生产鱼食时会产生温室气体。而中国传统的养鱼场采用的是低碳的喂养方式——大鱼吃小鱼，小鱼吃虾米，虾米吃烂泥，然后人再吃掉大鱼。

▶ 为了杀死毛毛虫，欧洲和美国的工厂便生产杀虫剂，这会产生温室气体。而在传统中国的橘园中，生活在橘树上的蚂蚁可以咬死可恶的毛毛虫，这简直低碳到家了。聪明的果农还在树与树之间搭上"桥梁"，方便这些长着6条腿的朋友在树之间通行。

古代中国人对身边的东西做到了物尽其用，其中最重要的就是植物。你注意到故事里面种在房子周围的竹子了吗？竹子是世界上用途最多的植物之一，可以用来制作房屋、家具和碗筷——以及人们所需的其他很多东西。你对这种重要的植物了解多少呢？

竹子的妙用

竹子可以用来制作以下物品，只有一种除外。你能指出来吗？

a）自行车

b）衣服

c）宇宙飞船

d）书籍

e）饮料

答案

竹子做的宇宙飞船就像没有腿的马一样，毫无用处。当宇宙飞船快速升入大气层时，飞船表层的温度会越来越高。如果宇宙飞船是竹子做的，它会热得燃烧起来。但竹子可以用来制作用火药驱动的小火箭。

其他用竹子做成的物品……

a）1894年，纽约曾销售过用竹子做的自行车。制作者对竹子进行了热处理，让竹子的强度适合骑行。

b）某些工厂使用竹纤维制作衣服和鞋子。竹子中含有能够杀死细菌的化学物质，所以竹子可以保持衣服气味清新。（这可不能作为你不洗澡的借口哦！）

d）竹子可以用来制造纸张。

e）竹子的汁液可以用来制成甘甜的饮料。人类和熊猫都很喜欢吃竹笋。

竹子不但用途广泛，生长速度也很惊人。在适合的土壤和气候下，某些种类的竹子一天可以长高1米。竹子在生长的同时会吸收二氧化碳，生长迅速的竹子是吸收二氧化碳的理想植物。

你肯定不知道!

竹子有时会和人类开恐怖的玩笑——某些种类的竹子在开花结果后,会大面积死亡。老鼠大军以竹子的果实为食物,当竹子死后,老鼠就会去吃庄稼,将致命的疾病传染给人类。这样的结果是,我们既没有了食物,还要面对致命的疾病。

另外,古时候人们的生活并不全是嘎吱作响的竹子和清新的空气。还记得艾汉堡和奶奶的艰苦生活吗?古时候农民的生活都非常艰苦。中国古史中曾经讲道:

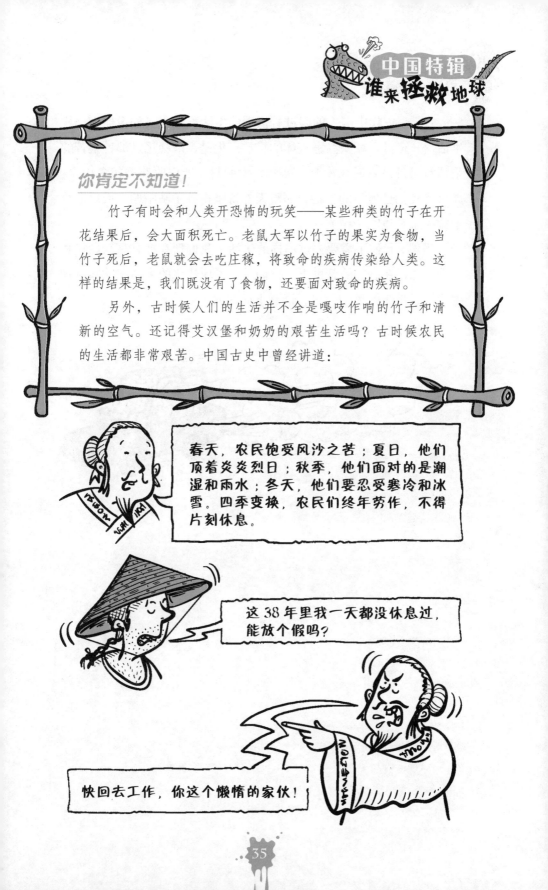

> 春天,农民饱受风沙之苦;夏日,他们顶着炎炎烈日;秋季,他们面对的是潮湿和雨水;冬天,他们要忍受寒冷和冰雪。四季变换,农民们终年劳作,不得片刻休息。

> 这 38 年里我一天都没休息过,能放个假吗?

> 快回去工作,你这个懒惰的家伙!

　　没错，古代中国人的确过着低碳的生活。如果我们像他们一样生活，一定可以减少温室气体的排放。但是，谁会想过那种艰苦的生活？另外，古时候没有机器和化学肥料，所以收获的粮食也少，如果让我们过他们的生活，那整天都得饿得肚子咕咕叫，最后把竹子做的家具也吃个精光。

　　当然，我们不需要去过那样的生活。我们现在拥有高碳燃料和高碳机器，在它们的帮助下，我们过上了现代化的生活。欲知这种生活方式带来的可怕后果，请看下面的内容……

越来越多的二氧化碳

等一下，有紧急情况出现！

科学救援队

作业让你头疼欲裂？别慌，环境专家前来营救！

问：什么是能量？

答：科学家说能量就是"做功的能力"。这样说吧——如果没有能量，你就无法在校学习。科学家口中的"功"指的是当力作用在物体上时，物体沿力的方向移动一段距离，这个力就对物体做了功。回想一下你踢足球时的场景。如果你有足够的能量，可以将足球踢到月球上去。所以说，能量就是让物体移动的能力。能量的形式多种多样。高碳能量储存在高碳燃料如煤、石油之中。高碳燃料燃烧时会产生大量的二氧化碳。

明白了！但高碳燃料燃烧时，是如何产生二氧化碳的呢？嘿！我们来做个实验！首先拿一些高碳燃料，摆放好！

这里有一堆煤、一堆木头和一桶石油。

煤+木头+石油+点燃的火柴=热能

加热会引起某种化学反应。此时,你可能会说"着火"或"燃烧",科学家说这是"燃烧过程"。在这个过程中,正在燃烧的碳原子和空气中的氧气相结合,产生二氧化碳。你是科学狂人吗?喜欢做"大实验"吗?只要点燃 443 升汽油,就可以得到 1 吨二氧化碳。如果你喜欢小打小闹的实验,那就点燃一滴豌豆大小的汽油,得到可怜巴巴的 1 克二氧化碳。

火有 3 种置人于死地的手段。第一种是焚烧人的肉体。第二种更常见,燃烧会耗尽空气中的所有氧气,同时产生二氧化碳,让人窒息而死。第三种是燃烧产生的浓烟使人窒息身亡。千万不要进行这种可怕的实验啊!

刁难老师

这个恶作剧需要一块脏兮兮的煤和钢铁般坚强的神经。敲几下老师办公室的门,待门打开,把煤递给老师,然后提问:

答案

你的老师知道空气比煤轻，所以可能会不假思索地回答"是的"。事实上，一块煤完全燃烧的过程中产生的二氧化碳比这块煤还重。这时你可以告诉他："对不起，你错了。因为每个碳原子要和两个氧原子结合产生一个二氧化碳分子，所以煤燃烧后产生的二氧化碳比这块煤重！"记住！当老师把煤扔向你时，一定要闪开。

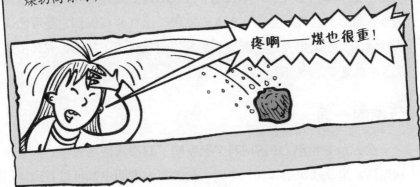

高碳燃料是把双刃剑

中国人使用高碳燃料已有数千年历史了，它所带来的后果可分为很棒、好的……和可怕的几个方面！

很棒的一面

想要快速获得能量？那就选择高碳燃料吧！高碳燃料中储存了大量的能量，燃烧时，燃料中的能量会以光和热的形式被释放出来。一罐汽油中储存的能量可抬起比自己重 10 倍的物体，并持续几小时的时间。这一点你可做不到！

你说的没错！

好的一面

早在公元前 100 多年，中国人就开始开采天然气了，当时的开采工作主要靠人力完成。事实上，古人向地下挖掘是为了寻找含盐的水，而非天然气。然而，当人们发现天然气并意识到它是可燃烧的物质后，便利用天然气燃烧的热量将卤水烘干，从而得到其中的盐。非常聪明，是不是？

可怕的一面

公元前 5 世纪，中国的科学家发明了双动式活塞风箱——一种利用活塞运动吹风的风箱。中国古代的很多发明中都可以看到风箱的影子，比如令人闻风丧胆的武器——

公元 900 年前后，某人突发奇想，利用风箱喷射点燃的石油作为武器。公元 904 年，船队指挥官杨行密在扬子江船战中使用了这种武器。然而火借风势，竟然点着了他自己的船，这位不幸的指挥官也掉进火中，严重烧伤。

你肯定不知道！

17世纪，一位可怕的科学家发明了一种恐怖的武器。我把这种武器叫作"燃烧的粪便火箭"。该武器使用火药发射，主体是一只竹筒，筒内装有粉末状的粪便、被碾碎的虫子，以及从这些虫子中提取的毒液。对准敌人发射后，竹筒炸开便会将毒液、粪便和虫子的尸体撒遍敌人全身。完美！

无论你燃烧何种燃料，只要有氧气，就会产生二氧化碳。但碳是如何进入燃料中的呢？其实燃料中大量的碳来自空气中的二氧化碳，奇怪吧？

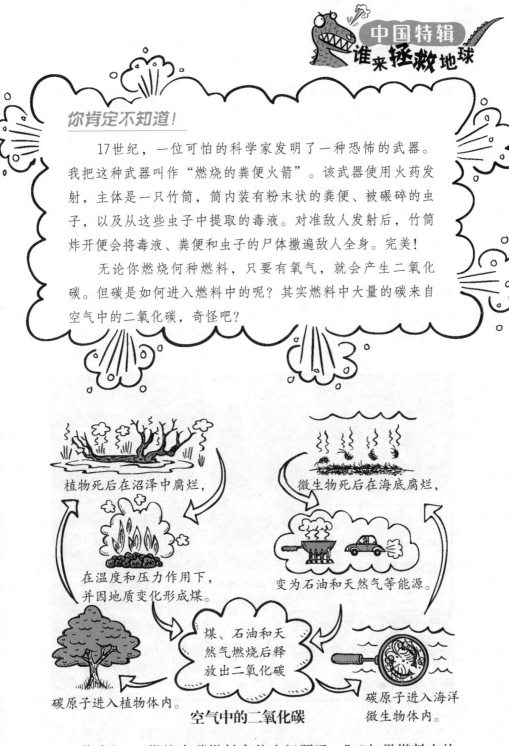

植物死后在沼泽中腐烂，

在温度和压力作用下，并因地质变化形成煤。

碳原子进入植物体内。

微生物死后在海底腐烂，

变为石油和天然气等能源。

碳原子进入海洋微生物体内。

煤、石油和天然气燃烧后释放出二氧化碳

空气中的二氧化碳

你会问："燃烧高碳燃料有什么问题吗？""如果燃料中的二氧化碳来自空气，我们只不过是又将它释放回空气中而已！"

说得没错——如果我们烧的是木头，那确实没有太大关系，因为树中的碳仅积攒了几十年。但是，高碳燃料是历经几百万年形成的，几百万年前的碳一直保存在燃料中，直到近代人类才开始大规模采掘并利用它们。在短短几百年的时间里集中释放出几百万年积累的大量二氧化碳，地球上现存的植物、微生物根本吸收不了那么多，二氧化碳就只能积攒在大气层中，越积越多。

如果使用高碳燃料是个坏主意，为什么还要这样做呢？完全是迫不得已！如果我们突然停止使用高碳燃料，就会发生下面这些情况……

夜晚，城市中一片漆黑……

▶ 汽车行驶需要消耗汽油或柴油等高碳燃料，没有高碳燃料，交通就会瘫痪。

▶ 工厂停工，因为机器运行需要消耗高碳燃料。

▶ 没有高碳燃料意味着无法供暖；因为缺电，电灯无法照明、人类无法煮食；制造那些庄稼所需的化肥也离不开高碳燃料，没有高碳燃料，人们就会闹饥荒。

呃，等一等，读者的电话……

你好，作者！为什么我们要用高碳燃料发电呢？

你好，读者！听我给你解释。让我们先泡杯茶吧……

可怕的泡茶方式

1. 钻到矿井下，挖出一大堆煤。煤是用来发电的主要高碳燃料。2011 年，燃烧煤所发出的电量占中国发电总量的 70%。通常称为火力发电。

2. 将挖出的煤运到发电站。

3. 燃烧煤，欣赏可爱的二氧化碳向上飘进烟囱中。

4. 用火将水加热为蒸汽，蒸汽的力量能带动涡轮机旋转。接着，涡轮机转动铜线中的磁铁。

5. 磁力开始发电。电能通过电线传输到你家的插座中。

6. 插上电水壶，烧水。电水壶中的电热丝把电能转化为热能，给冷水加热。

7. 水烧开了，泡茶。

8. 现在，品尝泡好的热茶吧。泡杯茶容易吗？

所有的一切都离不开高碳燃料——但有一个坏消息，我一直没告诉你。在人们获得能量的同时，二氧化碳会被排放到空气中——还有一点，很多能量变为热能后，却通过烟囱被白白浪费了。明白我说的意思吗？

1. 煤燃烧时生成的一部分热量溜进发电站的烟囱白白流失了。

2. 当你搓动双手时，出现了什么情况？手变热了。搓手的力量就是摩擦力，摩擦力会将动能转化为热能。电线中的情况也是如此，电子在电线内运动也有相似的效果。电力转化为热能，而总有一部分热能流失在空气中，白白浪费了。

3. 被用来加热电水壶里的水的能量仅占煤中所含能量的不到一半。

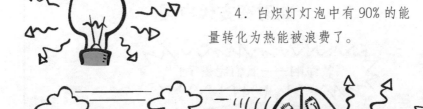

4. 白炽灯灯泡中有90%的能量转化为热能被浪费了。

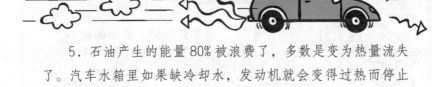

5. 石油产生的能量80%被浪费了，多数是变为热量流失了。汽车水箱里如果缺冷却水，发动机就会变得过热而停止工作就是这个原因。

高碳燃料产生的能量浪费得越多，需要消耗的高碳燃料就越多。而消耗的高碳燃料越多，排放的二氧化碳就越多，地球的温度就会变得越高。这值得吗？很多人觉得值得。他们热爱高碳的生活方式。请继续阅读下一章内容！

走向毁灭的地球

幻想自己生活在豪宅中,有10辆汽车和10台电视机供你享受。这或许让人得意扬扬,但这就是高碳的生活方式。豪宅消耗的高碳能量可不是小数目,而制造这么多电视机和汽车也需要消耗更多的高碳燃料。

艾汉堡过的正是这种高碳生活,我们去见识一下吧。哎呀,我们现在见不到他,他还被困在过去呢!

艾汉堡回到了现在,梦想着继续他的高碳生活。他想得美——郝认真奶奶不会让他轻易得逞的。接下来的每一幅图,我都记下了可怕的科学笔记……

6

小时候，我只能用爸爸洗澡的脏水洗衣服……

能洗干净吗？

7

我们不用烘干机。用太阳晒干有什么不好？

裤子会晒褪色的！

8

厨房

晚餐吃什么？我喜欢吃米饭！

大米是高碳……

9

我实在没有办法对付奶奶，只好拿起了汉堡。

制作400个奶酪汉堡 = 排放1吨二氧化碳

我只吃一个！

可怕的科学笔记

1. 艾汉堡的家很大。房子越大，耗电越多。（还记得发电是如何产生二氧化碳的吗？）艾汉堡家每年用的电会排放100吨二氧化碳，这加剧了全球变暖。如果艾汉堡太懒，总是开着电器，那么情况会更糟糕。

2. 艾汉堡家有两辆大排量汽车，父母各开一辆。与小排量汽车相比，大排量汽车消耗的高碳燃料更多。在艾汉堡家中，只有奶奶喜欢骑自行车。

3. 艾汉堡家中电器众多，而且都是大功率电器，耗电量巨大。即使这些电器处于待机状态，也会白白浪费8%的电力。

4. 奶奶仔细检查了艾汉堡的脏衣服。生产衣服需要消耗大量的高碳燃料。例如，棉花生长时，需要喷洒杀虫剂，生产杀虫剂需要消耗高碳燃料。

5. 艾汉堡一共有10双鞋。制造一双皮鞋等于释放15千克温室气体。皮鞋的皮子来自牛皮——牛会排放大量的甲烷。加工牛皮，最终制成皮鞋的过程中会排放出更多的二氧化碳。

6. 奶奶在浴缸里洗衣服，这让艾汉堡大吃一惊。艾汉堡的妈妈总是用洗衣机洗衣服，这消耗了不少电力。

7. 艾汉堡的妈妈用滚筒烘干机烘干衣物。这会消耗大量高碳电力，而且多数热气通过排气孔白白浪费了。郝认真奶奶在太阳下晒干衣物，聪明地利用了太阳能，节省了那些不可再生的能源。

8. 大米提供的能量占世界食物提供能量的1/5。但是很多农民种植水稻时使用了太多的化肥，而制造化肥要消耗高碳燃料，化肥中的氮最终会变成一氧化二氮，影响气候变化。另外，种植水稻的土地也会排放甲烷。

9. 牛奶、奶酪等好吃的乳制品都是高碳食品，因为它们来自牛。一头奶牛通过放屁和打嗝排放出的二氧化碳和甲烷的量甚至超过一辆汽车！专家们说，奶酪几乎和肉类一样，是高碳产品。

你肯定不知道！

与西方食品相比，中国的食物更加低碳。原因如下：

▶ 中国食物通常切得精细，烹饪时间短，消耗的高碳燃料不多。在烹饪时，普遍采取蒸煮的方法，这减少了高碳燃料的消耗。

▶ 中国人主要吃鸡肉、鸭肉和猪肉。这些动物不排放甲烷。与牛相比，饲养这些动物需要的高碳燃料要少些。

▶ 中国很多省份的传统菜肴都采用本地食材，避免了长途运输，更加低碳。

过去，传统的中国食物仅在市场和小商店中出售。现在，人们在大超市中就可以买到了。艾汉堡喜欢超市，因为在那里可以买到他喜欢的所有食物！但是他不知道超市消耗了大量的高碳能源……

超 市

停车场

食物在运输时需要包装，以避免被损坏。包装材料多是纸张或塑料，生产它们要消耗高碳燃料。

卡车将食物从很远的地方运到超市，会排放大量二氧化碳。

货车

多数人开车来超市，向空气中排放二氧化碳。

超 市

超市内没有窗户，要一直开灯照明。这需要更多的高碳燃料。

还要买比萨吗？

保鲜柜和冰箱可以保持食物新鲜，但要消耗大量的高碳燃料。超市消耗高碳电力冷却食物，同时又要用空调保持超市内的舒适温度，高碳燃料因此被大量消耗掉！

耶！别忘了买爆米花！

你认为艾汉堡过的是高碳生活——你想的没错。但有人比艾汉堡更喜欢高碳生活。他就是恐怖博士——中国最疯狂的科学家。(连另外一名疯狂科学家都说他是疯子!)

恐怖博士的高碳生活指南

高碳生活有趣极了! 当世界被洪水淹没时, 我会坐在我的高碳战舰中, 边巡航边嘲笑那些哭哭啼啼, 恼火气候变化的科学家们!

我驾驶着巨大的坦克, 坦克内装有激光制导微波热力炮。坦克消耗的可是高碳燃料。用它消灭敌人后, 需要补充更多的能量!

我喜欢驾驶高碳超音速战斗机自由翱翔。那些关心气候的可怜虫们说飞行对环境不好, 说绕地球飞行一周产生的二氧化碳相当于一所房子供热10年所产生的二氧化碳总量! 另外, 飞机在高空中排放的二氧化碳和水蒸气会让气候变得更糟, 但谁在乎呢? 我可不管! 这次我要绕地球飞行两周, 这样才有趣!

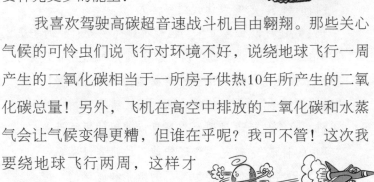

我最邪恶的杀手锏当数我的火山。我要炸掉它, 然后坐上我的火箭远走高飞! 一次航天飞行等于排放4 600吨可爱的二氧化碳。这真是刺激, 那些科学家们要被吓得屁滚尿流了! 太有趣了, 我忍不住要邪恶地笑出来了——哈哈哈哈哈! 哈哈哈哈哈哈!

听起来，恐怖博士好像很喜欢做坏事。我有种不好的预感，在这本书里还会碰见他。但他说的没错，飞机和宇宙飞船会排放大量的二氧化碳。

虽然多数人并不总坐飞机，但人们都有一个坏习惯：丢弃还能正常使用的东西，这会增加二氧化碳的排放。这有什么问题吗？让我们去采访一下垃圾堆里的手机，它看上去很悲伤的样子。

"可怕的科学"访谈

"可怕的科学"：嘿，你好！

手机：你好——呜呜呜！

"可怕的科学"：你为什么哭啊？

手机：我的主人不再喜欢我了！她抛弃了我！

"可怕的科学"：她为什么抛弃你呢？

手机：我还可以正常工作，但她说她想要最新款的手机！

"可怕的科学"：别难过！换新款手机会加重全球变暖吗？

手机：你想想，生产新手机需要消耗高碳燃料啊！

"可怕的科学"：人们经常喜新厌旧，丢弃可用之物吗？

手机：这个垃圾堆里到处都是可以使用的机器设备！

"可怕的科学"：只是丢弃还能使用的机器设备吗？

手机：还有能吃的食物，可用的纸张和能穿的衣服。

"可怕的科学"：它们最后会怎样？

手机：它们会腐烂，产生甲烷，加剧全球变暖！

"可怕的科学"：啊，我被熏倒了！

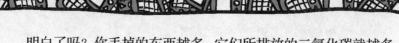

明白了吗？你丢掉的东西越多，它们所排放的二氧化碳就越多。

你肯定不知道！

美国人上厕所时，人均使用37张手纸，也就是说，美国人均每年使用23千克手纸。每卷手纸会为已经庞大的"温室"再增加450克二氧化碳。而亚洲人均每年仅使用18千克手纸。我想，美国人真称得上是手纸杀手！

高碳生活听上去美妙，但事实并非如此。打个比方，高碳的生活方式就好像不愉快的度假。你以为假期会带给你快乐，但实际带给你的却是失望。这样的假期既浪费钱，又浪费精力，还搞得你精神紧张。高碳的生活方式只会让一切变得更糟。究竟有多糟糕？继续读，下一章告诉你答案！

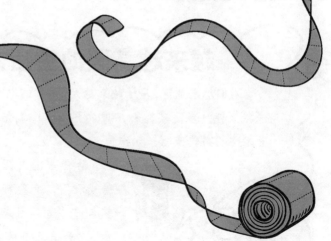

穿越到未来

看电影时，你曾猜过剧情如何发展吗？或许你还和别人讨论过你的猜测！现在，本章也要为你描绘一番地球未来的景象与你分享。我们知道，人类正在排放大量温室气体，排放越多，后果越严重。但是，会严重到什么程度呢？

瞧瞧这些对未来的各种猜测——我们的未来或许就是这样！

高碳未来预测 1

越来越高碳的生活方式

人们越来越富，房子越来越大，购买的电子设备越来越多。这会消耗更多高碳燃料，排放更多的二氧化碳。人们甚至会考虑购买高碳宠物，如狗狗……

古代中国人饲养的狗多用来打猎或看门。有些种类的狗被人们美其名曰"适合用来为祖先做汤的动物"，于是可怜的狗被杀死成了祭品！那时候，只有有钱人养宠物狗。他们饲养一种名为袖狗的哈巴狗，将狗放在袖子里用来取暖。现在养狗的人不需要这样做了，因为他们高碳的屋子里足够温暖了！

高碳狗粮+高碳狗食盆+高碳肉+腐烂的狗屎=甲烷

高碳未来预测 2

越来越拥堵的交通

富者游览天下，穷者寸步难行。生活越来越好，旅行的机会越来越多，人们纷纷驾车去往各地，必将导致交通大拥堵。

与此同时，随着生活节奏越来越快，人们会更多地选择乘飞机出行，这意味着更多的飞机、更多的机场，排放更多的二氧化碳。

为什么人们会在交通堵塞时挖鼻孔呢？

你肯定不知道！

2011年，京藏高速公路上曾经发生了一起严重的交通拥堵事件，堵塞的车辆排了足有100公里长，小贩们纷纷在高速公路的两旁兜售方便面和热水。很多人甚至被堵在路上好几天，不得不靠下棋和打牌来消磨时间。原来是卡车造成路面损坏，道路维修导致了拥堵。唉！高碳燃料驱动的卡车在消耗高碳燃料建成的公路上运载着高碳燃料！

高碳未来预测 3

越来越大的高碳燃料需求

越来越多的人过上高碳生活，高碳燃料的消耗也随之增加。目前，中国的煤炭储量足够维持 100 年或更久的时间。但与煤炭储量相比，中国的石油储量并不充足。2011 年，中国增加了从国外进口石油的数量。科学家们正在努力开发新的高碳燃料……

新型高碳燃料的恐怖指南

科技名称	用　途	好还是坏
碳的收集和储藏技术	回想一下用煤发电的情景。我们可以设法阻止二氧化碳通过烟囱排放到空气中，并将其收集起来，埋入地下。要达到这个目的可以有很多种方法，其中一个方法是通过加压、降温，将二氧化碳气体转变为液体。	这是减少二氧化碳排放的好办法，但缺点是代价太高。这种方法需要建设新型化工厂并使用新型排气管，这需要消耗更多的高碳燃料。可以考虑将二氧化碳气体用作他用，如在温室中利用二氧化碳帮助植物生长。
生物燃料技术	利用植物生产柴油或燃料。	利用植物降低空气中的二氧化碳含量，再将其转化为可燃烧的能源，表面上看这是个清洁的好主意。但把低碳的植物制成高碳燃料，或者这种植物是某种农作物，甚至为种植它而砍伐森林，是否太不明智了？
冰封的沼气	还记得冰封在北极和海床上的那些甲烷吗？为何不用甲烷代替高碳燃料呢？	这不是个好办法。因为甲烷本身就是温室气体，所以还没有人对此进行过大规模试验。科学家们还担心海底开发会造成气体泄漏，由此形成的冲击波能将整个村庄夷为平地。
焦油砂	挖掘成吨的岩石，然后从岩石中提取含油的沙子。利用蒸汽分离沙子中的沥青，再将其转化为石油。	从提取油砂到最终变为石油的过程需要消耗大量的高碳燃料和水。一些科学家警告说，这还将对当地的水资源造成影响。

你肯定不知道!

沥青是从石油中提炼了汽油、柴油、煤油后剩下的产品（但也有天然沥青湖）。沥青是有毒物质，可导致癌症和其他健康问题。美国科学家说，古代加利福尼亚的丘马什人（Chumash，原住民部落）将沥青这种恶心的东西当作口香糖，结果导致了整个种族的灭亡。

一些著名的生物燃料实验，使用的是名为海藻的微生物或某种特殊细菌。这些实验在家不好操作，为了让你假装一回乖孩子，咱们就不亲自做了。

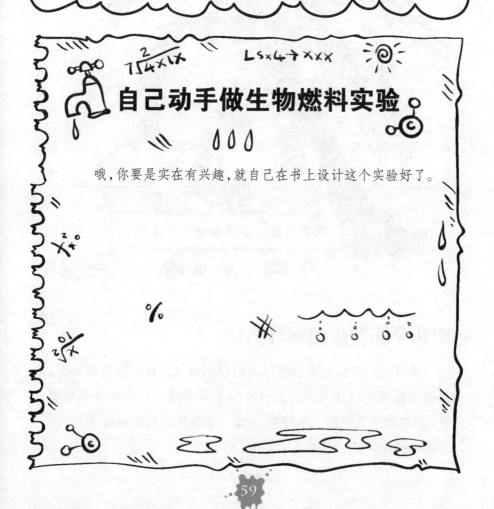

自己动手做生物燃料实验

哦，你要是实在有兴趣，就自己在书上设计这个实验好了。

如果你不喜欢黏糊糊的东西，那么可以用椰子生产燃料。2008年，维珍航空公司的一架飞机从伦敦飞往阿姆斯特丹，飞行中所用的部分燃料就是椰子生物燃料。想驾驶飞机飞越大西洋吗？只需要用300万个椰子生产燃料。你能凑齐300万个椰子吗？

告诉过你，这不是什么好主意！

阻止全球变暖的疯狂方法

所有这些新型高碳燃料，有的貌似可用，有的则荒诞不经，但无论是否可以使用，它们都有一个共同点：它们都是高碳燃料，会增加空气中的二氧化碳含量！假如我们对此视而不见，第二章中描述的悲剧就会发生。

气候将会失控

这时，人们会哭着祈求科学家的帮助。有些科学家已经开始为此制订计划了，如果他们的计划能够得以实施，地球就会出现下面的情况……

1. 在太空中支起一把大伞，为地球遮挡阳光。

2. 将一切涂成白色，反射太阳光。

3. 向天空发射硫化物以反射太阳光。

沙 漠

4. 向海洋投放石灰岩，改变海洋的化学成分，促使海洋吸收更多的二氧化碳。

5. 放水淹没地势低洼的沙漠地区，扩大海洋面积。这个方案旨在降低海平面，增加干旱地区的降雨量。

6. 使用水泵向南极洲排水，由于寒冷，排放的水就会结成更多的冰，从而形成一条冰带，阻挡冰河的移动。

要想执行以上计划，令地球改头换面，科学家需要动用整个地球的能量。我们需要一个像地球那么大的发电站。但如果发电站使用的是高碳燃料，那么一切又都是徒劳了。那时，地球就真的危在旦夕了。想象一下，如果到了最后的紧要关头，这些方案都不奏效，结果会怎样？

人类的未来会是什么样子？高碳之路的最终结局会怎样？我有个可怕的预感：艾汉堡和郝认真奶奶马上就会看到这个结局了！

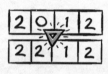

我和奶奶能够穿越时空！

我肚子还是很饿，还好，我找到了一盒家庭装爆米花。我打开电视，但马上被奶奶关掉了。

"孩子，你太让我失望了，"她说，"我以为你目睹了低碳的过去，会从此过上低碳的生活。"

"穿越到过去只让我觉得肚子饿而已。"我嘴里塞满了爆米花。

"也许你该瞧瞧高碳未来的情景。"说着，奶奶抓住我的手，拖我走进时间穿梭机。

"别费心捎饭了，"奶奶说，"认识我们的人未来应该都不在世了！"

我还没来得及说话（嘴里还塞得满满的），就到了未来……

热，实在是热。可是空气极度潮湿，身体无法出汗，这让我感觉更热！我和奶奶看见一片破败不堪的村庄。沙子中随处可见一些人的头骨和其他骨头，四周空无一人。

"怎么没人？"我问。

"现在的中国没有多少人活着了。"奶奶说，"天气从开始的反复无常到最后的恶劣不堪，沙漠覆盖了中国西北部多数地区，而东部沿海的海平面上升将沿海城市全都淹没了。"

我忽然看到一个女孩衣衫褴褛，骨瘦如柴，躲在岩石的后面，一副担惊受怕的样子。

"听起来真糟糕。"我说，"我们问问这个女孩，未来的生活怎么样。"

"你叫什么名字？"我问道。

"我叫花，"女孩答道，"但我从没看见过一朵花，这儿所有的植物都死光了。"

"我们是时空穿越者，"我说，"我们穿越时空来到未来，就是想看看未来的生活是什么样。"

"你们这是白费力气，"花说，"你们的未来什么都没有。我和我的家人住在山洞里。"

"山洞是唯一凉快的地方。很多人迁移到遥远的北方去了，他们住在西伯利亚的大城市中。在甲烷矿中工作，非常危险，很多人被炸死了。"

花邀请我们到她家山洞中去做客，虽然洞中的气味不好，但起码凉快了一些。

"你看起来很饿。"我说。

"总是挨饿！"花说，"我们没有食物。过去，我们培养和种植蓝绿色的细菌和海藻做食物，但盛放生物的大罐漏了。现在，我们只能靠吃虫子、蛇和蝙

蝠为生。你想尝尝炒蟑螂吗？"

"太恶心了！"我说，"你来点儿爆米花吗？"幸好我手里还抓着爆米花。

"这是什么？"花问道。

"吃吃看，像汉堡一样好吃……"

"等等！"花大喊道，"你是那个爱吃汉堡的艾汉堡吗？你能够穿越时空？我们家里人谈起过你。你是我的曾曾曾曾祖父！"

"什么！"我大吃一惊，"你搞错了，我不是老爷爷，我一点儿也不老。我才12岁！"

"容我插一句，"奶奶说，"别忘了，我们是在未来。"

"爸爸妈妈说，你过的是高碳生活。"花说，"就是因为你和其他过高碳生活的人，我们现在才变成这样！"

"这不能怨我！"我尖叫着，"我不知道会这样！"

这时，一群人拥进山洞。他们是花的父母和亲戚。一切发生得太快，太突然了。

"他是艾汉堡——他来自过去！"花说道。

"瞧啊，他有吃的！"一个人喊道，"给我们食物——我们正饿着呢！"

他们把瘦骨嶙峋的手向我伸过来。

奶奶低声地说："我们最好赶紧走。"

"别急着走！"一个可怕的声音喊道。所有人转过身，害怕地盯着一个恶狠狠的科学家。科学家手里的致命热线枪正对着我们。人们四散逃开，只剩下我和奶奶。

谢谢这些胆小鬼，我想。我多希望我也能逃开，但如果这个邪恶的科学家对我开枪，我肯定会粉身碎骨的。

"恐怖博士，"奶奶说，"你在跟踪我们。"

"你好，郝认真，"恐怖博士说，"或者我该说，永别了，郝认真。"

"等等，"我说，"你们俩人认识吗？"

"让一个疯子科学家掌握穿越时空的技术绝不是好事。"奶奶说。

"我可不是普通的科学狂人，"恐怖博士说，"我是中国最疯狂的科学家！"

"啊啊啊啊啊！"我哭喊，"我的生命就这样结束了吗？"

千万不要错过下节的精彩内容

没人知道未来会是什么样子。但我清楚，如果我们继续放任自己，继续高碳的生活方式，未来必定是悲惨的。噢，对了，翻过这页，你会遇见一些人，他们正试图阻止可怕的未来。赶紧去和他们见个面，打个招呼吧。"你们好……"

捍卫地球的英雄

别再想气候变化的事儿了。让我们展开想象，幻想一只正在横冲直撞的大型食肉怪物！

怪物四处乱窜，把人们的头残忍地咬下来，踩碎汽车，爬上摩天大楼……这场景真够吓人的，对不对？但怪物与气候变化相比，简直是小巫见大巫，因为至少怪物还有踪可循，你可以试着躲开它，如果有胆量，你还可以和它展开殊死搏斗。（别蠢到以为给它一袋瓜子，它就会放过你。）

巨大的食肉怪物是坏蛋，我们应该阻止它的破坏行为……但面对气候变化这个坏蛋，事情就变得有点儿复杂了，因为人们无法逃避或无视气候的变化。而且，我们看不见气候的变化……抱歉，我的电话又响了……

你好，作者，又是我。如果看不见气候变化，那科学家如何进行研究呢？

你好，读者！虽然人们看不见气候的变化，但是能够观测气候对我们的影响。例如，一些科学家在观测气候变化对动物的影响，另一些科学家则在测量气候变化对海平面的影响，还有些科学家在观测冰的融化程度或气温的变化。事实上，这些年来他们一直在观测气候变化所带来的影响……

大约在 1593 年，意大利著名科学家发明了用水测量温度的温度计，温度计的水柱受热后会升高。（现代的温度计则使用水银来代替水。）当时的科学家们使用这种温度计来测量空气的温度，现在还有人在使用同样的方法。如今，人们已经可以通过不同区域上空的卫星来测量地球的温度。想必你还不知道，上海、墨尔本和罗马的温度与地球的平均温度最接近吧？ 2010 年地球的平均气温是14.4 摄氏度，但这个温度正在上升。你可以猜猜温度升高的原因。

科学家们也在测量高空中空气的温度。在 19 世纪，科学家将温度计绑在风筝上，而风筝线足有几千米长，他们试图通过这个方法测量高空的温度。但某天，风筝不幸在巴黎坠落了，掉在一艘船上，而风筝线差点儿造成一起火车事故。现在，科学家使用高空热气球代替风筝测量温度。提醒你一下，测量时要放开气球……

一些科学家已经着手测量空气中温室气体的含量。1958年，科学家查理斯·基林开始在太平洋的夏威夷岛测量空气中二氧化碳的含量。他发现冬天空气中二氧化碳含量会上升，而到了春天，由于植物吸收二氧化碳，其含量便会下降。现在，夏威夷的科学家仍在观测空气中二氧化碳的含量，结果是它在逐年升高。

气球中装的是比空气轻的氢气。

高空热气球

呜呜呜！我恐高！

高高飞起的科学家

如何对比现在和过去空气中二氧化碳的含量呢？科学家们想到一个绝妙的方法：利用冰冻的气泡进行对比。别误会，这儿说的可不是什么美妙可口的科学食物！而是科学家在格陵兰岛和南极洲钻冰时，冰中的气泡。这些气泡是几千年前降雪时形成的。首先，科学家要测量冰冻气泡中温室气体的含量，然后与现在的情况进行对比。他们发现，过去空气中二氧化碳的含量比现在的低。

今天我们有了电脑。虽然人们很难预测明天的天气，但可以用电脑创建"天气模型"，通过模型预测当温室气体含量增加时天气的变化情况。创建天气模型是项艰巨的工作，因为模型必须要包含如洋流、气流、林火的影响和甲烷等各种各样的数据。

科学不会随着人们的意愿发生改变，而是通过测量、观察和实验，为人们揭示事情的真相。随着气候的变化，所有事物都指向同一个方向，而它则取决于空气中温室气体的含量。地球正在走向毁灭，有一些人正在试图阻止事情的发生……

作者的笔记

这些人正在阻止气候的恶化。除此以外，还有更多的人值得我们提及，他们的名字也许会在这本书再版时添加进来。

阻止地球毁灭的英雄榜

姓名：郭耕

声誉：在北京麋鹿苑博物馆工作，工作内容与珍稀动物有关，尤其是麋鹿。

事迹：小时候，郭耕在公园里发现一只猫头鹰，这让他高兴不已。这件事让他对自然产生了浓厚的兴趣。现在，他的工作不仅仅是关心照顾动物，还包括向世人展示人类活动和气候变化对动物的恶劣影响。他演讲时使用的卡片，一面写着问题："最让人害怕的动物是什么？"另一面是答案：一面镜子。你明白这其中的含义吗？

鲜为人知的事情：郭耕在北京麋鹿苑博物馆里创建了一个恐怖的展区，展品是因为人类而灭绝的动物的墓碑。截至2011年，代表灭绝动物的墓碑已超过140个。这需要我们反思，不是吗？

姓名：胡鞍钢

声誉：高级经济学家，中国政府顾问。

事迹：20世纪70年代，胡鞍钢一直在研究土地，所以他对干农活的人有着深深的感情。

他意识到多数温室气体都是由富有国家排放的，然而受气候变化影响最大的却是最贫穷的国家。贫穷的国家不愿意减少温室气体排放，因为那会让经济雪上加霜。对此，胡鞍钢提议，由富有国家带头减少温室气体排放，这样更加公平。他还对中国的低碳未来制订了一个计划，他说这个计划是"用绿猫代替黑猫"，意思是用绿色低碳的生活方式取代黑色高碳的生活方式，可不是把猫涂成绿颜色哦。

鲜为人知的事情：他的家乡在鞍山，那里以生产钢材著称，现在你明白这位专家名字的来历了吧？

姓名：李灿

声誉：洁净能源国家实验室主任，目前正在研究新能源。

事迹：李灿和他手下的科学家们正在开发新一代的燃料技术。他们研究的项目包括煤炭行业中提取和储存碳的技术，新型电池及开发低碳太阳能。

鲜为人知的事情：虽然年轻时

的李灿喜爱研究科学，但他差点儿错过了上大学的机会。当时他家里没有电话，是他的老师骑了30公里的自行车，气喘吁吁地催促他报名参加大学入学考试，但李灿对此却没有任何准备。长话短说，李灿最终考入了大学，开始学习化学。当时，化学并不是他最喜欢的科目。

姓名：秦大河

声誉：著名科学家，中国南极探险第一人，中国科学院院士。

事迹：小时候，秦大河就梦想成为一名探险家，长大后他终于如愿以偿。他不但深入偏远地区，而且还勇于在科学世界中探险。他在中国西部研究冰河时，对冰河融化的危险及其对气候变化的影响提出了警告。秦大河的工作充满了危险，有一次他险些在珠穆朗玛峰上丧命。当时他的身体承受着巨大的痛苦，十分想躺下睡一觉，但如果当时他睡下，就再也醒不过来了。他的学生们努力让他保持清醒，他做到了，活了下来。

作为联合国政府间气候问题变化研究小组的领导者，秦大河正在继续他对气候变化的研究。

鲜为人知的事情：在为南极探险进行培训时，秦大河很担心一件事：他的牙齿。如果到了南极，牙齿出现问题，而最近的牙医却远在几千公里之外，那怎么办？他最终只有一个办法，将10颗牙齿都拔掉。为了科学，你愿意牺牲10颗牙齿吗？

姓名：施正荣

声誉：中国太阳能光伏产业的领军人物。

事迹：年轻的施正荣曾前往澳大利亚新南威尔士大学求学，在那里学习太阳能相关技术。毕业后，施正荣先是在一家太阳能公司工作了几年，然后回国创建了世界最著名的太阳能公司——尚德太阳能电力有限公司。2007年，他被美国《时代》周刊评为全球环保英雄。太阳能是一种清洁能源，他降低了生产太阳能电池的成本，让太阳能变为更有效的能源，为中国提供了更多的低碳能源。

鲜为人知的事情：在澳大利亚留学期间，施正荣的老师是国际太阳能电池权威，2002年诺贝尔环境奖得主马丁·格林教授。嘿嘿，果真是名师出高徒啊！

姓名：俞孔坚

声誉：将废地变成神奇的低碳风景区。

事迹：俞孔坚从小生长在江南水乡，他所住的地方附近有一片树林，门前是一条缓缓流淌的河流，里面有鱼儿在自由地游来游去。但到了20世纪80年代，当他回到家乡，他发现河水由于污染变得黝黑，鱼儿也都不见了。树林也被砍伐，变成了一片光秃秃的空地。

作为一名园林设计师，俞孔坚坚持不对设计对象造成一点儿损坏，而是通过添加元素的方式让它们变得更美。在他设计

的位于秦皇岛的自然保护区内，步行道蜿蜒迂回像红色的飘带。这样的设计是为了让人们既能享受自然的乐趣，又不会对自然造成损害。让城市里的人热爱自然，尽量减少二氧化碳的排放量，是走向低碳未来的重要组成部分。

鲜为人知的事情：俞孔坚喜欢骑自行车上班。与他所从事的工作一样，骑自行车不但有趣而且不会排放二氧化碳。

IPCC
INTERGOVERNMENTAL PANEL ON CLIMATE CHANGE

姓名：联合国政府间气候问题变化研究小组（这名字有点儿绕口，所以简称 IPCC）

声誉：预测可怕的天气。多谢这个组织的工作人员，本书作者才能了解到大量关于气候变化的情况。

事迹：IPCC 的科学家们来自不同的国家，其中就包括中国。因为大家都是科学家，所以经常争论。这是好现象，他们通过争论来验证自己的结论。你可别以此为借口和你的老师斗嘴哦。

早在 2001 年，IPCC 就说过："归罪于"是"责任在于"的意思——比如，汉堡包不见了要归罪于艾汉堡，因为他把它吃了。IPCC 的措辞很谨慎，这很好，因为如果他们到处大喊：啊，妈妈！我们所有人都要死了！人们反而会认为他们在开玩笑。

2007 年，因为对全球变暖所做的预警，IPCC 获得了当年的诺贝尔奖。听起来让人郁闷，这说明即使你让所有人都不开心，你仍可以得大奖。

鲜为人知的事情：IPCC 报告的作者有 450 人，另外还有 800 人参与了部分写作。不仅如此，更有 2500 名科学家对报告中的细节进行了核实。这些人都是义务工作，就是一分钱报酬都不要。

我们发现了更有说服力的新证据，证据表明过去
50 年中观察到的温度上升应归罪于人类的活动。

　　你注意到一个有趣的事情了吗？以上这些英雄并不都是科学家。我想，你不需要成为一名聪明绝顶的科学家，就可以与气候变化战斗。实行低碳生活需要每个人的力量。但什么是低碳生活呢？难道低碳生活意味着我们要像古时候的农民那样生活吗？大家会不会饿肚子啊？我必须穿爸爸淘汰的裤子吗？继续读，你就知道了。

创造奇迹的新能源

把脏裤子拿开！低碳生活并不代表要像中国古人那样生活！瞧瞧右边的便笺，你需要知道的事情我都写下来了……

低碳的生活方式＝很少使用或不使用高碳能量
低碳能源＝很少产生或不产生温室气体的能源

想要过低碳生活吗？那你就离不开低碳能源，我们需要低碳能源为我们提供所需的能量。我有一个好消息，还有一个坏消息，你想先听哪个？先说好的吧！好消息是，生活中有很多低碳能源，我们可以随意选择。坏消息是，令人满意的并不多！假设你是世界上最富有的人，正考虑投资 100 亿元建造一座新型发电站。你会选择哪种低碳能源呢？（请在做出选择之前务必阅读广告的附加说明！）

太阳能为你照亮未来

▶ 几十亿年的免费能源！
▶ 不要错过属于自己的光和热！

利用太阳能电池板发电

▶ 通过太阳能电池板发的电可以把水烧开。

▶ 屋顶上的太阳能电池板不断吸收来自太阳的能量。

▶ 太阳能发电站能为整个镇子提供充足的电力。

▶ PV*板全天工作，将太阳光能转化为电能。

▶ 迷你太阳能电池板还可以为家里的小型电器充电。

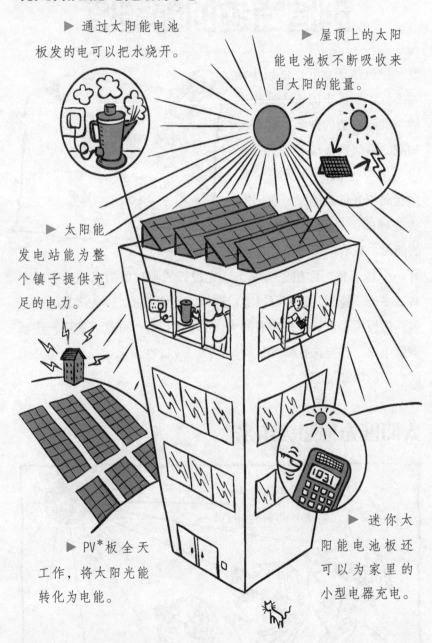

*PV=光伏。科学名词，意思是将太阳光能转变为电能。光伏板由两种不同类型的硅组成，工作方式十分巧妙……

超级放大视图

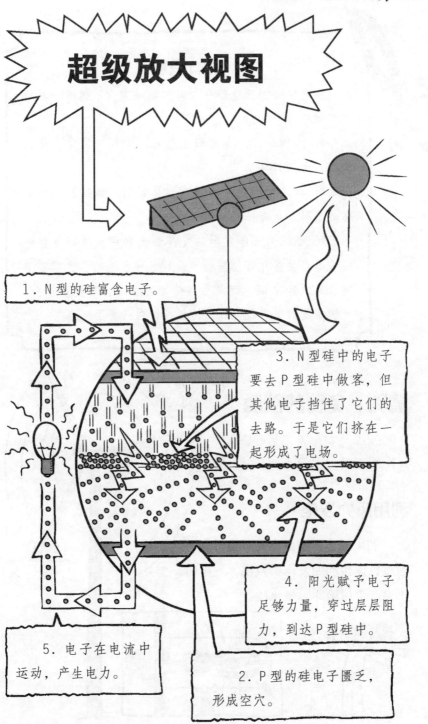

1. N型的硅富含电子。

3. N型硅中的电子要去P型硅中做客，但其他电子挡住了它们的去路。于是它们挤在一起形成了电场。

4. 阳光赋予电子足够力量，穿过层层阻力，到达P型硅中。

5. 电子在电流中运动，产生电力。

2. P型的硅电子匮乏，形成空穴。

附加说明

你确定要阅读这部分内容吗？难道你不想读读其他更有趣的部分吗？

▶ 很抱歉，只有太阳上班时，才可以发电。每天晚上，太阳就休息了。

▶ 制造光伏板需要消耗大量能源。如果消耗的是高碳燃料，就会排放大量二氧化碳。

▶ 要让太阳能发电站发挥最大功用，最好是在远离人类居住区几百公里的沙漠地区建发电站，这需要搭建长长的输电线，而电力在传输过程中会有能量损失。光伏板发的电多数会以热的形式白白浪费了。

清新、免费的能源

▶ 有空气的地方，就有能源！

▶ 能让你乘风而去的强劲风能！

利用风力发电

利用风力带动风车叶片旋转，再通过机械传动使发电机发电，发电时不会产生讨厌的二氧化碳。

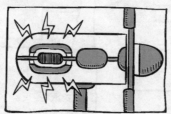

▶ 改善山间景色，让海景变得赏心悦目（风力涡轮机浮在海面上）。

▶ 甚至可以在船上加装风力发电机——一些科学家认为这个主意非常不错！

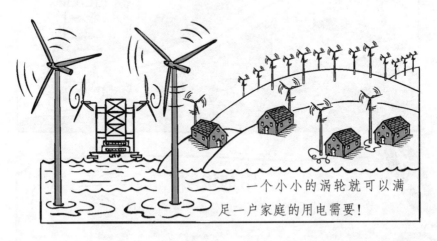

一个小小的涡轮就可以满足一户家庭的用电需要！

附加说明

下一页内容太有趣了，快去看看吧！对不起——只想转移一下你的注意力，让你别读这个说明！

▶ 无风或风被挡住时，无法发电。如果风力太强，涡轮可能会被损坏。

▶ 实话实说，多数风力发电站建在很远的地方，电在传输过程中会有损失。

终身免费能源

▶ 世界上有约 45 000 座大型水坝，几乎半数建在中国！

▶ 有了清洁的水力能源，谁还稀罕臭臭的碳能源呢？

利用水坝发电

1. 水顺大坝奔腾而下带动涡轮机。

水　坝

2. 涡轮机发电。

附加说明

要想阅读下面的内容，请先闭上双眼……

▶ 如果发生干旱，水位过低，大坝就无法发电了。泥土和污染物会在大坝拦截的水中逐渐堆积，越来越厚，使得水库容量越来越小。

▶ 水量太大会导致泥石流。

▶ 好吧，如果你非要知道我就告诉你，建设大坝其实需要大量水泥，而制造水泥会排放大量二氧化碳。

▶ 虽然这不太可能发生，但如果发生大地震，地震会损坏大坝，后果就是破闸而泻的巨大水流将吞噬掉下游的一切。

能量强劲，湛蓝清澈，无比湿润

▶ 海洋每天都要重复的运动是涨潮（海水涌向岸边,水位升高）和退潮（海水退回海洋,水位恢复正常）!

▶ 让海洋为你的家庭提供能源!

▶ 使用海洋能，绝不会晕船!

利用挡潮闸发电

▶ 涨潮时闸门是开放的，海水自动流入，从而驱动涡轮机发电。

▶ 待潮水进入后，关闭闸门挡住水流。

▶ 等退潮时打开闸门，水释放后驱动涡轮机发电。

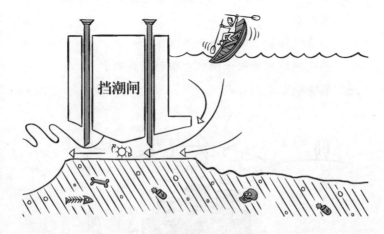

挡潮闸

▶ 科学家们正在研发能够在水下工作的小型发电设备。

▶ 这些设备能利用海水的运动发电，我们把这种发电方式称为潮汐发电。

▶ 坚决杜绝讨厌的二氧化碳，但海鸥的粪便也许会落在你头上。

▶ 还有免费的鱼哦！

附加说明

▶ 只有一些特定的地区才能修建挡潮闸。

▶ 风暴会影响海洋能发电。

▶ 好吧，好吧——再等几年——我们还要完善一些细节！

脚踏实地，能源与你同在

▶ 你只需"挖掘"！

▶ 地下非常炎热——不利用就太可惜了！

利用地热能发电

1. 挖一个很深很深的坑，直到看见滚烫的岩石。

2. 倒入水。

3. 哈哈，流回来的水变成热水了。

4. 热交换机利用热水的热力驱动涡轮机。

5. 涡轮机发电。

地源热泵

挖不了那么深的坑？别担心——我可以告诉你一个廉价的方法，你可以在自家的花园里试试！

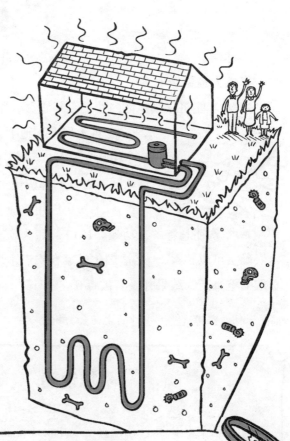

1．用泵将水注入地下管道中，因为地下温度高于空气温度，所以水温会升高。

2．热交换器吸收水释放的热量，利用热量供暖。

附加说明

▶ 建造地热发电站需要滚烫的岩石。如果这些岩石埋得过深，就难以挖到它们。谁屁股下的地面是暖暖的，请举手——我们要在你那儿挖坑了！

▶ 地源热泵的确不错！但泵工作时需要电力，这可能要消耗一点儿会产生二氧化碳的高碳燃料。

给你一个绿色的梦

▶ 燃烧树木或其他植物取暖。*

▶ 尽量排出炉子中的氧气，这样不会产生太多二氧化碳。

▶ 经过不完全燃烧后，最终得到木炭。

提供大量免费木炭！

▶ 木炭能将碳锁在体内达几百年之久，避免产生二氧化碳。

▶ 将木炭埋入地下，可以改善土壤结构，利于植物生长。实际上，亚马孙雨林和其他森林地区的古人们都曾使用过这种方法。

▶ 木炭可以用来涂鸦画画。

▶ 木炭还具备解毒功效。1813 年，为证实吃木炭确实可以解毒，一名法国化学家在吃进木炭后勇敢喝下毒药，结果并没有被毒死。

*科学家将这些燃烧掉的东西称为生物质。

附加说明

二氧化碳被植物吸收，经过燃烧，然后被锁在木炭中。我们宣称这样做可以"减少空气中的二氧化碳"，但效果确实很好吗？

▶ 好吧，我承认燃烧生物质所产生的能量不如燃烧煤的能量大。

▶ 你必须不停地种树，还要记得把树晒干哦，否则可点不着火。

▶ 为了减缓全球变暖，你还要把几十吨的木炭埋到地下。嘿——乐观点儿，这么做起码还是有作用的。

让原子能给你一个惊喜

▶ 无论何时，电力充足，无穷无尽！

▶ 把苦活都交给原子！

▶ 绝对安全——祈祷吧！

随着时间的推移，铀原子会发生裂变。这一过程叫作放射现象。

1. 原子在裂变时会产生热量。

2. 热量将水变为蒸汽。

3. 蒸汽驱动涡轮发电。

附加说明

下面的话请装作没听见好吗？建设一座原子能（也叫核能）发电站需要几千吨高碳的水泥。

▶ 人们把具有放射性的燃料废物埋藏在深深的地下。但即使埋藏几千年，它们还是很危险。无论何时，不管是谁，都要远离它们！

▶ 如果发生意外，出现核泄漏，你肯定希望自己能及时逃得远远的。高剂量的核辐射会导致人全身水肿，内脏和皮肤受损，头发脱落，还可以导致癌症。当然，出现意外的概率不大——哎呀，我的茶杯被我不小心碰掉了！

你说什么？这些低碳能源你一个都不满意？噢，亲爱的读者——好吧，你也许可以试试自己发明新的能源，而且科学家们也在不断地想出新点子。

恐怖的低碳能源

以下关于低碳能源的点子中，哪些太恐怖，不是真的？

1. 焚烧死尸获得能源。

2. 焚烧人类粪便获得能源。

3. 燃烧饭馆废弃的植物油获得能源。

4. 放风筝获得能源。

5. 利用地震产生的能源。

答案

方法1和方法5太恐怖了，不是真的。地震太可怕了，你永远不知道它什么时候发生。

曾使用过的办法如下：

方法2。如果焚烧粪便时不使用高碳燃料或不排放二氧化碳，那它就算是低碳能源。位于伦敦的一个污水处理厂就通过焚烧粪便提供了部分能源。一些粪便还可以制成肥料，这比高碳燃料制成的肥料更好。

方法3。欧洲有人收集饭馆的废弃植物油，制成车用柴油。植物油是从吸收二氧化碳的植物中提炼而来的，制成的柴油比真柴油含碳量更低。告诉你一件事，饭馆倒掉的废油都堆积在下水道中，看着像豆腐脑，却像粪便一样臭不可闻。如果你不介意车里臭气熏天，可以为自己的车加满废弃植物油。

方法4。2008年，荷兰科学家们曾用巨大的风筝做过一次实验。他们通过飞行的风筝获得了一种低碳能源——高空风能。

你肯定不知道！

科学家已经成功利用尿获得了低碳能源。人类和动物的尿液中含有一种名为尿素的物质。将尿素放进某种燃料电池内就可以发电。想想吧——你的马桶竟然可以变成发电站。至少你不用再担心能源问题了！

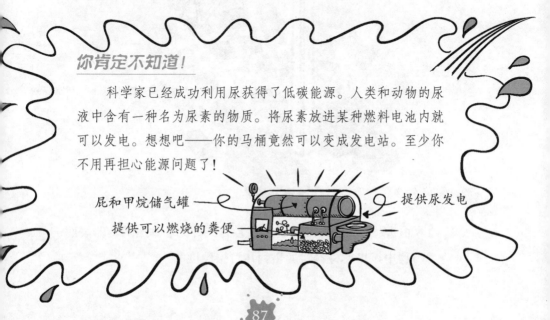

屁和甲烷储气罐 —— 提供尿发电

提供可以燃烧的粪便

继续讨论低碳能源计划吧。你注意到了吗？目前的每种能源都有缺陷。没错！附加说明中写的就是这些能源的不足！那么，它们岂不像不搞笑的小丑一样，毫无意义了吗？

当然不是——或者套用科学家的口吻说"也不尽然"。科学家们正在努力解决这些问题，并且已经找到了一些解决办法……

改进低碳能源的好办法……

▶ 如何在太阳休息的时候使用太阳能发电？

西班牙的太阳能发电站是这样做的……

1. 白天，用镜子将阳光反射到装有某种化学物质的容器表面；

2. 利用该热量将容器加热到几百摄氏度；

3. 将容器内滚烫的化学物质存储在隔热容器内，保持温度；

4. 晚上，利用保存的热量驱动涡轮机发电。

▶ 无风时，如何使用风力发电？

有一种方法可以用风力涡轮机将空气压入地下，把一部分空气强行存储在地下，然后在无风时释放空气驱动涡轮机。另外一个方法是使用风能将空气温度降到零下 190 摄氏度。需要发电时，只要对冷空气施压，再注入正常空气对其加温即可。空气受热膨胀，体积增大，喷出后可驱动涡轮机发电。

解决上述两个问题的另一个方法是使用巨大的电池存储电能。科学家们也正在为此努力。

▶ 远程输电时，如何避免电以热量的形式流失？

现在，多数的电都是交流电，而直流电传输正在兴起。

交流电

交流电电流的大小和方向都会发生周期性变化。

世界各国由于标准不同，电网中传输的交流电电流方向每秒钟改变 50 次或 60 次。

直流电电流方向不变。

相比而言，传输直流电时损失的能量要比交流电少。这听起来不错，不过科学家还有更好的计划……

降低电线温度可以避免传输电时的能量损失！这叫作超导电性，原理十分复杂。简而言之，就是电子成双成对，结伴而行，这样在电线中通行更容易。超导电性的关键是电线温度必须特别低，必须处于零下 217 摄氏度——北极或南极都远没有这么寒冷！科学家们正在测试新材料，想办法在更高的温度中实现超导电性。

终有一天，这会成为现实的。想想吧！到那时，传输低碳能源时可以横跨中国，而且能源损耗很少！

我们应该如何节省能源呢？例如，可以利用工厂中机器产生的热量为工厂供暖。为什么白白浪费自己的热量，花钱用高碳燃料供暖呢？又如，采取措施避免热量损失。记得之前我们说过，其实很多能量转化为热量后被白白浪费了。我们可以采取隔热的方法！把物体严密地包裹起来，避免热量损失。天冷时，你穿上厚厚的衣服保暖就是这个道理！

重要通知

节省能源的理由：

► 消耗的高碳能源越少，排放的二氧化碳越少；

► 消耗的高碳能源越少，需要的高碳能源就越少；

► 节约能源就是节省金钱。

找不同

隔热的管道

隔热的科学家

有胆你就试试……用隔热方法节约能源

你需要：

► 2 个带盖的小罐头盒。为了公平起见，请使用大小相同的罐头盒，因为小罐头盒要比大罐头盒凉得快。

► 1 个带盖的硬纸盒，大小足以装入 1 个罐头盒。

► 纸或碎布若干。

► 不干胶标签。

你要做：

1. 将一个罐头盒贴上标签 A，另一个贴上标签 B。

2. 往两个罐头盒中灌满热水。小心别烫着！盖上盖子。

3. 把碎布或撕碎的报纸铺在纸盒底部。将标签为 B 的罐头盒放入纸盒中，再在盒子四周和上方塞满碎布或报纸，最后盖上纸盒盖子。

4. 2 小时后，打开罐头盒。

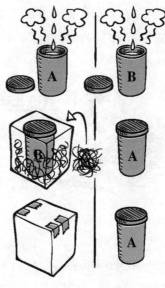

你会发现：

罐头盒 A 中的水已经凉了，但罐头盒 B 中的水还是温的。

科学原理揭秘：

罐头盒 B 四周塞的东西起到了隔热保温作用。它们是如何隔热的呢？

热水分子含有热量，水分子像孩子一样横冲直撞，互相碰撞。当水分子撞上罐头盒的金属原子时，金属分子获得了能量也开始跑动起来——罐头盒开始发热。就这样，热量被传递到罐头盒身上。科学家说这是"热传导现象"。

接下来，热量又被传递到罐头盒四周的空气分子身上。随着罐头盒 A 四周受热空气的流动（热空气上升，冷空气过来补充），热量逐渐流失殆尽。但罐头盒 B 四周的空气被隔离了，代替空气的是导热性很差的碎布或报纸，热量散发不出去，还保留在水中。

事实上，隔热是节约能源的好办法，而且隔热无处不在。睡觉时，你用被褥为自己"隔热"；动物们则用皮毛或羽毛为自己"隔热"。继续读，你会找到为自己家"隔热"的方法。隔热并不

是节约能源的唯一方法。节约能源的另一个方法是循环利用。低碳专家称其为"回收"，比如你可以说——"回收"这个破塑料鸭子……

我们可以再买一只新的塑料鸭子。但生产一只新的塑料鸭子会排放更多的二氧化碳。实际上，世界上8%的高碳石油都被用来生产塑料制品！这会产生多少二氧化碳啊！更明智的方式是将破鸭子回收，再生为塑料，用再生塑料制造新的鸭子，既节约能源，又减少了二氧化碳的排放。

人们已经开始进行回收了！回收废旧的塑料制品，然后制成新的塑料制品。回收废纸、废金属和废玻璃也很容易。可回收的东西远不止这些，几乎所有被回收的物品都可以重新被利用……

废物回收

以下这些被扔掉的东西，回收后可以制成哪些物品？

1. 塑料瓶

2. 大象的粪便

3. 发臭的死狗

4. 空油桶

5. 旧报纸

回收后制成的物品

a）钢鼓

b）棺材

c）贺卡

d）成袋的肥料

e）漂亮的仿羊毛大衣

答案

1. e）仿羊毛大衣是由一种涤纶制成的。这种材料可以利用回收的旧塑料瓶制成。

2. c）一只大象每天排泄的粪便多达200千克。大象粪便中含有植物纤维。一位泰国先生发明了使用这种植物纤维造纸的方法。他在进行试验时，用家用食物研磨机将大象的粪便磨碎。我猜他家的饭菜一定别有风味。

3. d）2006年，德国的曼海姆市正在为太多死去的宠物犯愁，后来他们想出一个办法：焚烧动物尸体后，将骨灰制成肥料。

4. a）这种帅气的鼓是西印度群岛的特立尼达岛上的民众发明的。

5. b）英国一家公司用捣碎的旧报纸制成棺材，还有各种亮丽的颜色可供选择。我倒希望他们再给死人一张报纸，让他们读读报，这样他们就不会寂寞了。

你肯定不知道！

2011年，科学家利用回收的塑料瓶打造了一辆低碳赛车。制作方向盘的原料是胡萝卜，发动机中的生物燃料由豆油和巧克力提炼而成。假如这辆车子在荒野上抛锚了，你还可以用方向盘充饥。

回收物品的快乐方式

▶ 在旧鞋子里种花（你需要在鞋底上搞几个洞，用来渗水）。

▶ 和朋友们交换物品。可以用你不想要的衣物、玩具和书籍（不要拿这本书）与别人交换。举办交换聚会。这样每人都会开心，不用买新东西，既省钱又减少了二氧化碳排放！

▶ 用上顿剩下的菜做一顿美餐。说不定你能发明"极其美味"的菜谱，让你的父母大饱口福。

▶ 如果有一双旧的长筒袜，你可以将腿部的位置剪下来，塞上碎布，然后将口缝好，这样一条恐怖的蛇就做成了。将它塞在门底下，可以阻止空气流通。这既是一种低碳回收衣物的方法，又可以为你的家"隔热"保温。

说到温暖低碳的家，现在该回家了，让我们进入下一章节。进入家门，我们会感到温暖还是会大吃一惊呢？

哈哈哈哈哈！

谁来拯救地球

使用低碳能量和循环利用的确是个好主意，但这只是万里长征的第一步。要阻止气候恶化，我们需要减少二氧化碳的排放量，也就是说，过低碳的生活。

你了解低碳生活吗

以下每项活动后都有 A 和 B 两个选项，哪个选项是低碳的呢？

1. 四处转转

A. 自行车

B. 越野车

2. 看电视

A. 小的发光二极管电视　　　B. 巨大的等离子电视

3. 聊　天

A. 和朋友电话聊天　　　B. 发电子邮件

4. 吃　饭

A. 可反复使用的筷子　　　B. 一次性筷子

5. 食　物

A. 本地产的鱼和蔬菜　　　B. 牛肉和大米

6. 旅　行

A. 坐飞机　　　B. 坐火车

7. 户外活动

A. 去主题公园

B. 在家的附近进行
自己喜爱的体育活动

答案

1. A）相比而言，制造汽车要消耗更多高碳能源。另外汽车还会排放二氧化碳和一氧化二氮，而自行车不产生任何气体。想见见朋友，干吗不骑自行车去呢？这更低碳！

2. A）发光二极管（LCD）电视是最省电的电视。另外电视越小，耗电越少。

3. B）发电子邮件比通电话更节约能源。最好用笔记本电脑发送电子邮件，新款笔记本电脑要比老款省电。

4. A）循环利用物品很低碳。反复使用的筷子可以减少树木的砍伐，工厂也无须消耗高碳燃料去生产更多一次性筷子。

5. A）本地食物无须运输，减少了二氧化碳的排放。鱼比牛更环保。想想牛，它们终生都在排放甲烷！

6. B）火车比飞机产生的二氧化碳少。火车不会飞，也就不会在高空排放水蒸气。

7. B）多数主题公园用的是高碳能源，而且去主题公园，你可能要乘坐高碳交通工具。最好在家附近进行体育活动，这样你会既强壮又健康。

上面的选项中，相比高碳选项，低碳选项更省钱。低碳生活消耗的高碳燃料少，所以省钱。而省钱意味着——哈哈哈哈！

低碳生活能让你攒下更多的钱！

现在觉得低碳生活怎么样？准备试试吗？

以下是为你精心准备的起步计划……

低碳生活项目1——即时可行的低碳生活方式

1. 在家中四处巡视一遍，关闭所有待机电器。马上开始节省高碳能源吧。

2. 数一数家中有多少电灯泡。你真正用到的灯泡有几个？有多少灯泡亮着却根本没人在用？要求父母把不用的灯泡卸下来。

3. 制作如下图所示的标牌……

离开房间时
记得关灯！
人走灯灭！

谁敢无视你的标牌，你就狠狠批评他！

4. 放弃泡澡，5分钟的淋浴就好。烧一浴缸泡澡水所消耗的高碳电力将排放2.8千克二氧化碳。短时间淋浴可节省1/3的高碳燃料。

5. 如果可能，要求父母将暖气调低2摄氏度。你并不会感到温度变化，却能大大减少二氧化碳的排放（人体感觉舒适的温度是18～22摄氏度）。另外，建议入睡时调低供暖温度。进入梦乡还需要那么热吗？

6. 检查你的衣物是否可用低温水洗涤。假设热水器温度原先设定在60摄氏度。现在，只需设定在40摄氏度，洗衣粉就可洗净衣物。这样能节省1/3的高碳电力。如果衣物不太脏，30摄氏度温水就可以，这样能节约一半电力。

7. 定期、适时清除冰箱和冷冻柜中的霜。机器结霜后，制冷时更费电。

8. 如果父母有汽车，让你的朋友搭顺风车吧。这样他就不需要开车了，从而减少二氧化碳排放。

9. 不喝高碳瓶装水。为什么不自己烧水，将水放凉，再将凉水灌到空瓶中呢？这节省了生产瓶装水的高碳燃料。

低碳的出行方式

想过低碳生活，请尽可能减少旅行。即便旅行也要采取低碳出行的方式。

排名前5位的低碳出行方式

1. 步行
2. 自行车
3. 公交车或火车
4. 助动车
5. 汽车（越小越好）

低碳旅行，最好选择公共交通工具，例如公交车或火车。乘坐公交车或火车的人越多，说明排放同样数量的二氧化碳时，出行的人越多。当然如果大家挤在一起，你的脸正对着某人的屁股，而此人臭屁不停，那滋味一定不好受，但至少你正在拯救地球。

如果你父母有辆汽车，那最好是二氧化碳排放量少的小车，而不是巨无霸。无论是迷你车还是巨无霸，由于驾驶方式不同，排放二氧化碳的多少也不同。根据后面的内容，看看你的父母驾驶时产

生二氧化碳的多少，你可以判断出他们开车技术的好坏（如果父母没有车，你可以在公交车上测试）。

可怕的警告！

你说他们开车烂，有些父母会很不爽。假如你批评了他们，后果是你要步行 10 公里回家——千万别批评他们！

低碳生活项目2——为爸爸的驾驶打分

为你爸爸的坏习惯打分，每项坏习惯打 1 分：

1. 轮胎有点儿瘪。轮胎气不足在行驶时会消耗更多高碳燃料。

2. 油箱加得太满。油箱越满，车越重，消耗的燃料就越多。

3. 空调大开。这太浪费能源了，为什么不用低碳方式为车内降温呢？（速度在 80 千米每小时以下时）摇低车窗！（如果速度超过 80 千米每小时还开着窗，汽车的流线型就会因开窗被破坏，风的阻力大大增加，为了保持速度，汽车会消耗掉比你不开空调节省的更多的燃料。）

天啊！

4. 开车速度太快。速度太快会消耗更多高碳燃料，那是因为空气阻力大大增加了。

5. 急刹车。刹车后，车必须重新加速，消耗更多高碳燃料。最好保持 45 ～ 80 千米每小时匀速行驶。

6. 停车不关引擎。这是在浪费高碳燃料（如果临时停车在 1 分钟以上）。

打分结果：

0 ～ 2 分，太棒了！你爸爸是一名低碳驾驶员。

3 ～ 4 分，不错，尚需改进。

5 ～ 6 分，他是地球的敌人。

你的父母打算买辆新车？电动汽车怎么样？电动汽车是用电力驱动的汽车，电储存在车内的电池中。现在，电动汽车价格越来越便宜，新款电动汽车能跑得更快更远。2008 年，特斯拉（Tesla）电动敞篷跑车最高时速可达 200 千米，4 秒钟就可从静止加速到时速 100 千米。电动汽车不但没有噪音而且不排放二氧化碳。当然，如果电动车使用的是高碳电力，那么对环境并没有任何益处，但在未来，人们可以用低碳电力为车中电池充电，甚至会在电动汽车车顶上安装太阳能电池板，为汽车行驶提供能源！

买不起电动汽车没关系，你可能会喜欢电动自行车。在你筋疲力尽时，电动自行车可以助你一臂之力，帮你翻山越岭，走得更远。在城市内出行，电动自行车是理想的低碳交通工具。

低碳生活将让你的家焕然一新。为了方便理解，接下来我们建造了一座低碳房！

"汉堡之家"

这是世博会上德国的"被动屋"——"汉堡之家"，只是外观更具中国特色。

▶ 3 层玻璃窗避免了热量流失。窗户面向南方，日照充足，最大化地利用自然光照明。

▶ 挂窗帘可以有效避免房子温度过高。

▶ 地源热泵充分利用了地下无碳热量。

▶ 太阳能热水器用太阳能提供热水。

▶ 光伏板发电。

▶ 超厚隔热材料防止热量从墙体和屋顶流失。

▶ 通风系统。房子产生的热气可对进入室内的冷空气进行加热。

这座构思巧妙的低碳房屋在设计时，尽可能地考虑到低碳的各方面要求。这座房子耗电量相当低，甚至能将剩余的光伏板电力传输到能源系统中存储起来。与其他房子相比，它的不同之处在于低碳房能自身发电，而不是耗电。这听起来很梦幻，但千真万确，它是根据德国"被动屋"的理念设计而成的。如今，世界上很多地方都有了这样的房子。

你肯定不知道！

2011 年，科学家从……白蚁身上找到了建造低碳房的灵感。白蚁是惹人生厌的小生物，它们的屁里全是甲烷，会导致气候恶化。蚁巢外观像一座塔，利用气流和水分保持凉爽。在澳大利亚，白蚁蚁巢比较狭窄，窄的一头朝向炎热的太阳。人们可以向它们学习，借鉴它们的建巢方式，为人类建房，但房子里可不要有白蚁哦。

低碳房中的所有家具都由木头和竹子做成，既漂亮美观，又低碳。现在，厨房里的低碳大餐已经做好了，开饭。

中国式大餐

▶ 低碳竹碗和竹筷。

▶ 林中采集的榛子，榛树可以吸收空气中的二氧化碳。

▶ 各种水果，果树也可以吸收二氧化碳。

▶ 林中的野生蘑菇。

▶ 低碳蔬菜和竹笋。

▶ 低碳大米（种植时仅使用了少量肥料）。

▶ 低碳的本地鱼。

▶ 低碳的本地鸭子。

又一只低碳的本地鸭子，正准备逃走。

喜欢这样的低碳大餐吗？我喜欢——我正好饿了！谈到做饭，你知道有不需要燃料的低碳炉吗？太阳能炉可利用太阳的热量慢慢将饭做熟。如何制作自己的太阳能炉……

低碳生活项目3——自己动手制造太阳能炉

你需要：

▶ 如图所示带盖的小盒。

▶ 厨房用铝箔纸。

▶ 保鲜膜。

▶ 黑色厚纸。

▶ 剪刀和胶带。

▶ 大量炎热的阳光。

▶ 几张1～2厘米见方的黑纸片，用来代替食物。

你要做：

1. 如图所示，在盒子上剪个大洞。

2. 将黑色厚纸剪开，粘在盒子底部。

3. 在盒子内部铺上厨房用铝箔纸，用胶带粘牢。

4. 将代替食物的黑纸片放在铝箔纸上。

5. 用保鲜膜将盒子连盒盖裹起来。保鲜膜必须盖住盒盖上的洞。

6. 好了，太阳能炉做成了，把它放在热辣的阳光下，最好放在晒得滚烫的水泥地面上。将太阳能炉在阳光下放置1小时。

热死啦！

你会发现：

盒中的黑纸片发烫了！太阳光中含有红外线——还记得我们在前面讲过的内容吗？红外线照射到人身上时，人会感觉热。铝箔纸将热量反射到黑色纸片上。保鲜膜造成了温室效应，阻止热量流失。盒底的黑纸能够吸收水泥地面的热量。所以你的太阳能炉会越来越热。

太阳能炉成本低，制作简单，而且你的晚餐也不会热到燃烧起来。多么奇妙的发明啊！在非洲一些缺电的地区，人们就在使用这种太阳能炉，甚至中国某些大型厨房也在使用太阳能炉。

等等！这章的内容有些不对头！说的竟然全是好事，一点儿也不可怕！别急——继续往下读！

疯狂可怕的低碳发明

2008 年，一家美国公司发明了一种固定自行车。骑着它，就可以发电。如果你骑的力量够大，还可以为一台电视和屋内的照明提供足够的电力。如果你需要的电力与美国人均耗电相同，那你就需要 50 个人骑着这种自行车，同时为你供电。问题是，你能找到 50 个人同时免费为你供电吗？

另一家美国公司发明了一种带水果搅拌机的自行车，你可以边骑自行车，边制作美味的果汁饮料。水果摘自吸收二氧化碳的果树，这对地球来说无疑是件好事。

科学家正在研究如何用低碳方式处理动物尸体。焚烧一具尸体会产生 150 千克二氧化碳，这其中 1/3 来自高碳燃料。2010 年，英国一些科学家曾试着用一种强碱性化学物质氢氧化钠的高温蒸汽来溶解尸体，结果只产生了 66 千克的二氧化碳。

另一组科学家曾试着在零下 196 摄氏度下，用液态氮冷冻尸体。冷冻的尸体很容易被磨成粉末，再制成低碳混合肥料，为庄稼施肥。假如死者生前喜欢园艺，他肯定不介意自己变成花肥。

如果没有尸体粉末，你可以自己制作混合肥料，有活赤虫就足够了。在欧洲和北美地区，一些过着低碳生活的人们的厨房中都设有虫房，用来制作混合肥料……

虫尿也是宝，水和虫尿混合，就制成了植物喜欢的饮料，里面富含对植物有益的矿物质——你如果自己喝，就太蠢了！为什么不和朋友们组织一场虫子赛跑呢？如果你没有朋友，那就试着和这些虫子朋友谈谈心吧！如果腐烂的东西引来了苍蝇，可以在盒子中养只蜘蛛，它们会帮你对付那些恶心的苍蝇！

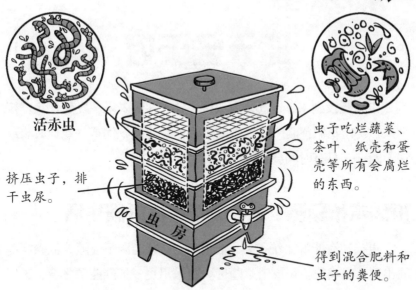

活赤虫

挤压虫子，排干虫尿。

虫房

虫子吃烂蔬菜、茶叶、纸壳和蛋壳等所有会腐烂的东西。

得到混合肥料和虫子的粪便。

很多介绍全球变暖的书都充满了悲观情绪，这本书可不一样，书中介绍的低碳生活不但有趣而且会让你变得富有。但低碳生活真的可以拯救地球吗？未来会不会是一片地狱景象？

面对未来的时刻到了！

明天会更好

　　未来还没到来，这真让人头疼，没人知道未来会发生什么。接下来，就让我们预测一下低碳的未来……这些预测或许能成真，或许不能——只有时间会证明一切！

低碳未来预测1——缓慢实行低碳生活

　　更换现有能源系统需要很长时间。高碳能源不会随着低碳能源的出现，就噗的一声，销声匿迹。在采用更多低碳能源之前，工厂和城市依然需要煤和石油这些高碳能源。不过，人类将逐步建设新型的低碳发电站，发电时很少甚至不会产生二氧化碳。

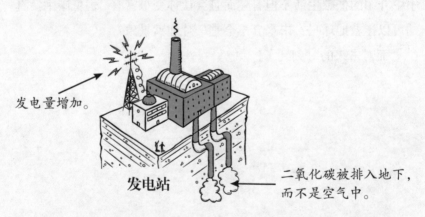

发电量增加。

发电站

二氧化碳被排入地下，
而不是空气中。

　　未来，将出现更多低碳能源、更多低碳建筑和更多低碳行业，如网络商业和培训业将如雨后春笋般涌现出来。

低碳未来预测2——借助自然与气候变化作战

　　减少二氧化碳含量的最佳设备已经诞生啦！它很便宜，无须照料，还能自我修复！它就是——

未来，科学家们将种植亿万株树木，利用自然的力量与气候变化抗衡。植树并不新鲜。早在1978年，中国北方（西北、华北、东北地区）就开展了一项庞大的植树工程——三北防护林工程，已有数百万人参与到植树造林活动中。截至2000年，已种植了几百万株杨树。在未来，种植的树木还可以为人类提供食物和燃料。

未来，科学家将借助自然的力量保护人类，保护我们免受因气候变化导致的洪水和干旱灾害。

高碳未来

低碳未来

你肯定不知道！

草原可以阻止沙漠蔓延，不过这并不是什么新发明。成吉思汗曾立法：破坏草原即判死罪。成吉思汗喜爱狩猎，他知道没有草原就没有猎物。

说到阻止气候恶化，树木可是人类最强有力的盟友。但别忘了，动物朋友们也能助我们一臂之力。还记得农民如何利用蚂蚁消灭毛毛虫吗？动物大军们时刻待命，供我们差遣。比如说，屎壳郎……

真恶心！我要大便了！

孩子们，晚餐开饭了。

动物粪便腐烂后会释放甲烷。48 小时之内，屎壳郎就可以把一堆大象粪便埋起来。这对全球变暖来说是大好消息。就造纸来说，大象粪便已经供不应求了！也许科学家可以想想办法，为这些神奇的昆虫们找点儿工作。

说到昆虫——2000 年，科学家真遇到一个和昆虫有关的问题，确切地说，是几十亿个问题。我说的是铺天盖地，成群的蝗虫。蝗虫将庄稼作为它们的午餐，大吃特吃。科学家没有使用杀虫剂，而是召唤了一群低碳的、训练有素的动物大军——鸭子军团。下面，是我们对鸭子们进行的访问……

"可怕的科学"访谈

"可怕的科学"：见到你很高兴，鸭子太太。你吃的是什么东西？

鸭子太太（嘴里满满的）：蝗虫，它们味道好极了！你尝尝吗？

"可怕的科学"：不了，谢谢。你为什么要吃蝗虫？

鸭子太太：气候变化造成这片地区干旱，也让蝗虫蜂拥而至。它们祸害庄稼，而且它们的粪便有毒。幸好有我们及时阻止它们。办法很简单——把它们吃掉。

"可怕的科学"：战况如何？

鸭子太太：我们取得了胜利！我们每只鸭子每天可以消灭 400 只蝗虫。人类也让鸡参加了战斗，但它们一天只能消灭

100只而已。它们是不是很没用？你确定不尝尝吗？我可以帮你把粪便去掉……

"可怕的科学"：真的不吃！这么说大家都很开心，除了蝗虫以外。

鸭子太太：这么说吧——所有蝗虫任你品尝，是不是很棒？

"可怕的科学"：等你们这些鸭子长大，吃肥了之后，我们人类就会吃掉你们！

鸭子太太：嘎嘎嘎嘎！从没有人跟我说过这个！

"可怕的科学"揉着肚子：嗯嗯嗯，香喷喷的北京烤鸭！

鸭子太太：我不干了——我走了！

这是真的——鸭子消灭蝗虫后，就会被我们消灭。法律上没有规定人类不可以吃掉动物盟军！

低碳未来预测3——城市规模更大、更绿色

2000年，全中国有千百万人离开农村，拥入城市寻找工作机会。在此之前，从没有这么多人拥入城市。预计到2030年，会有更多中国人离开农村，进入城市。

想想那些消耗高碳电力的新兴城市，城里还有几百万辆高碳汽车和高碳的交通拥堵，致使空气的质量坏透了，这简直是噩梦。但未来不一定如此。很多专家认为，城市大对地球来说是好事——前提是这些城市应该是低碳城市！与乡村人相比，通常城里人排放的二氧化碳更少。这是因为……

▶ 上班只需很短的车程，很多人根本不用开车。

▶ 城市内回收物品更便捷。

▶ 城市里的人通常居住在高楼中。与平房相比，楼房面积更

小，消耗的能源也更少。另外，人们有可能居住在低碳摩天大楼中。

你肯定不知道！

广州市的珠江城利用低碳风能发电。它使用了光伏板并抛弃了高碳的空调，利用水来降温。终有一天，所有大楼都会像珠江城一样低碳。

未来城市的生活方式将让城市变得更低碳。这不只是可能，它已经变成了现实。2011年，沈阳市大力发展植树造林，在高楼上加装太阳能电池板，正在逐步转变为低碳城市。而大连市从公共汽车到发电站，一切都是低碳的。

转变为低碳城市的几种办法：

▶ 多种树。树木不但可以吸收二氧化碳，还可以为大楼遮阴纳凉，为你节省买空调的钱。你知道吗？有些低碳建筑正是利用树木的阴凉，或让植物覆盖在建筑物上免费降温。

▶ 为人们提供土地种植蔬菜。蔬菜低碳健康，这样一来所有人都会开心。

▶ 制造低碳火车和公交车，鼓励生产自行车和低碳电动车。号召人们在工作地点和学校附近居住，这既节省时间又可避免出行时排放二氧化碳。

▶ 尽可能回收垃圾。可以在旧垃圾场中寻宝，回收金属、塑料，以及其他可回收的废弃物。

低碳未来预测4——减少出行

汽车、飞机排放的二氧化碳会导致气候发生变化。在低碳的未来，很多事都可以不必出行，通过遥控就能完成。人们无须开车去商店购物，在网上购物即可。商家会用低碳电动车将订购的货物送上门。随着电脑功能日益强大，通过视频技术，人们可直接进行网络会议，与会各方在自己的电脑屏幕上与其他人一起开会……虽然人们将减少出行，但我打赌，不去上学是不可能的！

低碳未来预测5——奇妙的新发明

成千上万的科学家正在努力工作，研究适用于低碳未来的技术。没错——有些发明太疯狂，无法使用——但别忘了，这本书讲的是可怕的科学！经过多次试验，某些发明终会获得成功，说不定，这些点子和发明真的可以拯救地球。

自给自足的智能植物

想象一下，再也不用伺候娇贵的植物，给它们喂吃喂喝了；再也不需要消耗高碳能源生产肥料了，因此也不会产生一氧化二氮了，免得它偷偷摸摸溜进空气中。农民可以种植……

新型超级植物

▶ 保证低碳！

▶ 自给自足！

▶ 生长迅速！

▶ 消灭二氧化碳！

▶ 味道好极了！

很多科学家确信智能植物是可能存在的。例如豌豆这种植物，在它根部附着的细菌能够为豌豆提供氮肥，帮助豌豆生长。很多植物的根都可以向土壤中的真菌发送化学信号。科学家们需要改变植物的 DNA，使它们能用根部发送信号召唤那些友好的细菌朋友，为其制造氮肥。

如果这方法不奏效，还可以促使植物体内生成固氮菌。某些植物，例如甘蔗、大豆，体内就长有这种细菌。

上面这两种方案都可以为人类提供低碳食物，少生产高碳肥料。这难道不是理想的植物吗？

自驱动的智能机器

还记得机器设备如电视机、电冰箱和电脑都需要高碳电力吗？如果机器设备本身可以为自己提供低碳电力，岂不是更好吗？

► 厌倦插电源插头了吗？

► 把这累活交给太阳吧！

► 让讨厌的电费单消失！

► 绝对低碳！

在低碳的未来，到处可以看见光伏板。这并不新鲜！人类已经有不需要电池的太阳能计算器了，这种计算器靠太阳能供电。还有一些小型太阳能充电器，可以为手机等设备进行充电。但现在，这种技术还存在局限性。因为……

唉！我们需要可避免电力转化为热量流失的电线。

还要生产更多光伏转换效率高的光伏板。

我需要一杯茶！

不过别担心，就要取得重大突破了，科学家正在研发一种由石墨制成的新型材料。它由单层碳原子构成，仅有一个原子那么厚。听起来它似乎很脆弱，但事实上正相反，它比钢的强度还高。

想法切开它。

石墨是不错，但我们用它做什么呢？

科学家们发现，电在石墨中传输时，产生的热量非常少，只损失少量电能，这让他们兴奋不已。可以考虑将石墨加工为条状，制作成电脑芯片或电路。

你肯定不知道！

想要来点儿石墨？用铅笔笔尖在纸上随意摩擦几下，接下来将胶带粘在纸上，小心地揭开胶带，你会发现胶带上粘有薄薄的一层铅笔末，这种粉末的主要成分就是石墨。

石墨还可以用来制作超高效的光伏电池，甚至可以被加工成曲线状。未来所有的东西上都可能配备石墨太阳能电池，利用太阳能自行发电。太阳能既低碳又免费，最棒的是，因为使用石墨材料，未来的低碳世界竟然充满了……碳原子！

太阳能水壶泡茶真是太棒了——谢谢你！

不要谢我们——要谢谢太阳！

低碳家用电器只是个开始。未来将会出现……

▶ 太阳能路灯*。路灯可以将太阳能储存在电池中，夜里使用电池进行照明。

▶ 家和办公室的屋顶和墙壁由石墨制成。石墨可利用太阳能发电，再将电储存在超高效电池中。

太阳能汽车

太阳能手机

*中国的某些城市中已经使用了太阳能路灯。

未来真如我们预测的一样吗？真会到处绿色葱郁，有自供电的石墨房屋吗？

或者未来完全是另一番景象？我们要是有时空穿梭机就好了，可以穿越时空去瞧瞧！对了，向艾汉堡和郝认真奶奶求助吧。哎呀——他们还困在高碳未来中，就要被邪恶的恐怖博士杀死了！

奶奶和艾汉堡向时空穿梭机跑去，旁边停着恐怖博士的时空穿梭机。奶奶对准恐怖博士的时空穿梭机开了一枪，只见它立刻融化了。恐怖博士被困在高碳未来，再也回不来了。艾汉堡回到现在，安全了——可他为何闷闷不乐？

回到现在

奶奶和艾汉堡把他们的所见所闻告诉了艾汉堡的父母。从此，他们一家人过上了低碳生活。但这真的可以改变未来吗？读下去，你就知道了……

未来会改变——未来不会改变？会还是不会？我们能拯救地球吗？这些问题一直萦绕在脑海里，挥之不去。花和那恐怖山洞让人无法忘记。未来真的会是那番景象吗？

奶奶安慰我，她说未来不会那么恐怖，因为我们已经过上了低碳生活。但如果她错了怎么办？我辗转反侧，无心睡眠。我必须亲眼瞧瞧不恐怖的未来……

幸好时空穿梭机还在。今天还是奶奶陪我，我请求她再带我去看看未来……

"稍等一下。"我说，"我饿了——我想吃最后一个汉堡。"说着话，我把一个汉堡拿到手中。（我向奶奶保证，这是最后一个汉堡，之后就再也不吃汉堡了。）

奶奶启动了时空穿梭机。一道白光闪过，我们来到未来。我愣住了。

"这是哪里？"我问，"到处都是树。"

"现在，我们在城市里。"奶奶回答说。

我透过树叶向外观察，看见一些建筑物，建筑物上覆盖着植物，四周树木茂盛。所有建筑物上都装着太阳能电池板。空气清新，湿润凉爽。硕果累累挂满枝头，鸟儿在树枝间欢唱。

"这些树和植物既可以保持凉爽，又可以吸收二氧化碳。"奶奶说，"水果真诱人——你不尝尝吗？这比汉堡更健康！"

我只想咬一口手里的汉堡，我刚张开大口……

"嗯！这是什么东西？"一个声音飘过。是一个女孩，手指着我的汉堡！我从前好像见过她。她是——不可能——是她！花！

花看起来既开心又健康，身穿一件亮闪闪的灰色外套。

"花！"我大喊，"我还以为你还在忍饥挨饿，靠吃蟑螂生活呢！瞧，这是汉堡，我让你咬一口。"

花接过汉堡，仔细观察着。

"这看起来很奇怪。啊，我明白了！"她说，"这是老式高碳汉堡。这是真的吗？噢——真恶心——里面真的加了死牛肉吗？把这个给我好吗？这个汉堡很有历史意义。我们要把它放到博物馆里去展览！"

"汉堡是我的！"我抱怨着。

"你从哪儿搞到的？"花问我，"等等——我知道你是谁了。你是艾汉堡——我的祖先。大家都听过你的大名！在我们的时代你非常出名！"

花指着绿树葱葱的路对面的一座雕像，雕像旁停着一排太阳能汽车。

"那是谁的雕像？"我问。

"那是你的雕像啊！2500年，大家用收集的古代塑料瓶制成的——现在，所有塑料瓶都会回收！"

"为什么我那么出名？"我问道。头开始疼起来，也许是饿的。

花掏出一个看似薄塑料片的东西。

"喜欢我的电子阅读器吗？"花说，"它的芯片是石墨制成的，我衣服上的石墨太阳能装备可以为它充电。电子阅读器中有一本旧书，书名是《谁来拯救地球》。这本书上说，你放弃高碳生活的行为，激励了全中国儿童向你学习。从此，人类开始过上了低碳生活。多亏你，人类减少了二氧化碳排放，阻止了气候恶化。你是个大英雄！等等，我要把这件事告诉爸妈——他们正在开视频会议！"

"能把我的汉堡还给我吗？"我心怀希望地问她。

奶奶发出嘘声。即使我是名人了，她也不让我吃汉堡。

花也没有把汉堡还给我。

"不行,"她斩钉截铁地拒绝了我,"既然知道了这是你的汉堡,我必须把它送到博物馆,收藏起来。"

"我肚子饿得咕咕叫呢!"

"我给你吃低碳汉堡吧,用快速生长的低碳海藻做的汉堡。"

"用池塘里黏糊糊的东西做的?"我吓得尖叫起来。

"还加了调味品。"花回答说。

她带我们走进汉堡店,用电子阅读器给父母打了电话。(电子阅读器也是一部手机。)大家见面后一起吃汉堡,用池塘里黏糊糊的藻类制成的汉堡。它们虽然看着像汉堡,但我不知道味道如何。吃起来是不是像发霉的卷心菜?我小心地咬了一点儿,天哪,它的味道就像……真汉堡一样!这太让我开心了。

"这才是我梦想中的未来!"我说,"未来必须要有最重要的一个东西——汉堡!"奶奶听了我说的话,面色凝重,直摇头。

"你说得不对。即使没有汉堡,人类也可以生存。但如果地球毁灭了,那就是我们人类的末日!"

好了,这只是一个故事。低碳未来也许与故事不同。只要我们选择低碳生活,人类就有未来。也许我说得不对,地球最终会被烤成高碳饼干!如果现在是2100年,你正在读这本书,没有忍饥挨饿,家也没有被海水淹没,那么就可以证明我预测的没错!但如果情况与此相反,那么也许蟑螂正在大嚼特嚼这本书呢!未来会怎样?你比我更有资格回答这个问题。

只有一件事确定无疑——我们现在的所作所为将影响地球的未来。人类的未来取决于现在。

尾声：和地球交朋友

本书以地球和我们的对话开始。那么在即将结束时，我们再和地球聊聊吧。我猜你过去一定没和地球聊过天——万事都有第一次！我们开始吧……

你好，地球。还觉得热吗？

你好，我现在感觉更热了！

自古以来，地球就是人类赖以生存的家园。但我们却利欲熏心，无度地挥霍着地球的资源，我们砍伐树木、捕捉鱼虾、开采石油、乱丢乱扔，将地球变成了垃圾场。高碳能源和高碳的生活方式是地球温度升高的罪魁祸首，它们让我们的地球家园一直备受煎熬，它们给人类带来越来越多的麻烦。大家都应该认清：高碳生活注定是一条不归路。

我想任何人都不想碰见像恐怖博士那样的疯子，他对地球毫无怜悯之情。但事实上，很多人的所作所为，与恐怖博士没有区别，他们根本不关心我们地球的未来。如果地球从我们脚下消失，这无疑是人类的灭顶之灾。我们将飘浮在太空中，无法呼吸，下场十分悲惨。

即使地球不会消失，人类的未来也与地球的命运息息相关。赶快善待地球吧！地球无法选择低碳生活……但我们可以！

地球是宇宙中最美丽的星球。我们要让它美丽永存。

"经典科学"系列（26册）

肚子里的恶心事儿
丑陋的虫子
显微镜下的怪物
动物惊奇
植物的咒语
臭屁的大脑
神奇的肢体碎片
身体使用手册
杀人疾病全记录
进化之谜
时间揭秘
触电惊魂
力的惊险故事
声音的魔力
神秘莫测的光
能量怪物
化学也疯狂
受苦受难的科学家
改变世界的科学实验
魔鬼头脑训练营
"末日"来临
鏖战飞行
目瞪口呆话发明
动物的狩猎绝招
恐怖的实验
致命毒药

"经典数学"系列（12册）

要命的数学
特别要命的数学
绝望的分数
你真的会＋－×÷吗
数字——破解万物的钥匙
逃不出的怪圈——圆和其他图形
寻找你的幸运星——概率的秘密
测来测去——长度、面积和体积
数学头脑训练营
玩转几何
代数任我行
超级公式

"科学新知"系列（17册）

破案术大全
墓室里的秘密
密码全攻略
外星人的疯狂旅行
魔术全揭秘
超级建筑
超能电脑
电影特技魔法秀
街上流行机器人
美妙的电影
我为音乐狂
巧克力秘闻
神奇的互联网
太空旅行记
消逝的恐龙
艺术家的魔法秀
不为人知的奥运故事

"自然探秘"系列（12册）

惊险南北极
地震了！快跑！
发威的火山
愤怒的河流
绝顶探险
杀人风暴
死亡沙漠
无情的海洋
雨林深处
勇敢者大冒险
鬼怪之湖
荒野之岛

"体验课堂"系列（4册）

体验丛林
体验沙漠
体验鲨鱼
体验宇宙

"中国特辑"系列（1册）

谁来拯救地球